高等职业院校信息技术应用"十三五"规划教材

信息技术及应用

江兆银 林治 ■ 主编

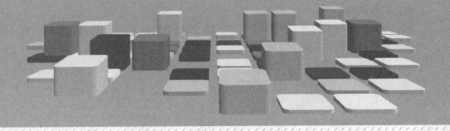

人民邮电出版社

北 京

图书在版编目（CIP）数据

信息技术及应用 / 江兆银，林治主编. -- 北京：
人民邮电出版社，2020.9（2022.9重印）
高等职业院校信息技术应用"十三五"规划教材
ISBN 978-7-115-54130-7

Ⅰ．①信… Ⅱ．①江… ②林… Ⅲ．①电子计算机－
高等职业教育－教材 Ⅳ．①TP3

中国版本图书馆CIP数据核字(2020)第091521号

内 容 提 要

本书是根据全国计算机等级考试一级（MS Office 应用）考试大纲编写而成的理论实训一体化教材。本书内容设计的理念是提升信息处理能力，培养信息技术素养。本书分为理论和实训两大部分。理论部分包括信息技术概述、计算机硬件、计算机软件、多媒体技术、计算机网络，实训部分包括 Windows 系统实训、Word 文字处理实训、Excel 电子表格实训、PowerPoint 演示文稿实训、综合实训。

本书可作为全国计算机等级考试一级（MS Office 应用）的辅导教材，也可作为职业院校及其他计算机培训机构的教学用书。

◆ 主　编　江兆银　林　治
　　责任编辑　刘晓东
　　责任印制　王　郁　马振武
◆ 人民邮电出版社出版发行　　北京市丰台区成寿寺路 11 号
　　邮编　100164　　电子邮件　315@ptpress.com.cn
　　网址　https://www.ptpress.com.cn
　　北京联兴盛业印刷股份有限公司印刷
◆ 开本：787×1092　1/16
　　印张：14.5　　　　　　　　　2020 年 9 月第 1 版
　　字数：372 千字　　　　　　　2022 年 9 月北京第 3 次印刷

定价：49.80 元

读者服务热线：(010)81055256　印装质量热线：(010)81055316
反盗版热线：(010)81055315
广告经营许可证：京东市监广登字 20170147 号

前　言 FOREWORD

随着经济和科技的发展，计算机在人们的工作和生活中越来越重要。同时，计算机技术在当今信息社会中的应用是全方位的，已广泛应用到军事、科研、经济和文化等领域，其作用和意义已超出了科学和技术层面，达到了社会文化的层面。因此，能够运用计算机进行信息处理已成为每位大学生必备的基本能力。为此，编者基于 Windows 10 和 Office 2016 编写了本书。

本书分为两大部分：理论和实训，主要内容如下。

理论部分：包括信息技术概述、计算机硬件、计算机软件、多媒体技术、计算机网络 5 章。在内容的组织方面，以计算机信息处理基础知识为主线，穿插介绍了计算机的最新动向，同时编者尽量选择与计算机应用密切相关的必要的基础性知识，特别侧重于新概念、新技术的介绍，力求培养学生对信息技术的兴趣。在此基础上我们也精选了每章的课后习题，以便学生进一步掌握各章节知识点。

实训部分：包括 Windows 系统实训（实训 1～实训 2）、Word 文字处理实训（实训 3～实训 6）、Excel 电子表格实训（实训 7～实训 10）、PowerPoint 演示文稿实训（实训 11～实训 12）、综合实训（实训 13～实训 17）等，共 17 个实训。每个实训都有明确的要求，内容循序渐进，操作步骤详细，力争将知识讲解、能力培养、素质教育融为一体，让学生上机练习的同时，能够掌握书中的知识并培养自学其他应用软件的能力。

本书由江兆银、林治担任主编，参加编写的人员还有张莉、洪亮、杜剑峰、朱福珍、曾晓云、陆静、薛景、朱迎华、唐浩，林治负责统稿。

由于编写水平有限，书中难免存在不足之处，敬请读者指正。

编　者

2020 年 4 月

目录 CONTENTS

2

1

第1部分

全国一级

MS Office 理论部分

第1章　信息技术概述

本章学习任务

1. 了解信息技术的含义和内容。
2. 了解和掌握计算机进制的概念和掌握各种进制之间的转换。
3. 了解计算机的发展史。
4. 了解计算机未来的发展方向。
5. 了解计算机的分类、特点及应用领域。

随着计算机技术在各个领域的推广和普及，通信和电子信息处理技术飞速发展，信息资源的共享和应用日益广泛与深入，操作和应用计算机以及掌握信息处理技术已成为学习和工作所必需的基本技能。

本章首先介绍了信息技术的含义、内容和发展趋势，以及计算机中信息的表示方法；其次介绍了计算机的发展史和计算机未来的发展方向；最后介绍了计算机的分类、特点及应用领域。

1.1　信息技术

1.1.1　信息技术的含义、内容和发展趋势

1. 信息技术的含义

人们对信息技术的定义因其使用的目的、范围、层次不同而有不同的表述。一般来说，凡是能扩展人的信息功能的技术，都可以称为信息技术。现代信息技术则是以计算机技术、微电子技术和通信技术为特征的技术。

2. 信息技术的内容

信息技术按表现形态的不同，可分为硬技术与软技术。硬技术指各种信息设备，如固定电话机、移动电话、通信卫星、多媒体计算机、物联网设备等；软技术指有关信息获取与处理的各种知识、方法与技能，如语言文字技术、数据统计分析技术、计算机软件技术等。

信息技术按信息流程中所处环节的不同，可分为信息获取技术、信息传递技术、信

息存储技术、信息加工技术及信息标准化技术等。信息获取技术包括信息的搜索、感知、接收、过滤等,如望远镜、气象卫星、温度计、各种传感器技术等;信息传递技术指跨越空间共享信息的技术;信息存储技术指跨越时间保存信息的技术,如印刷、照相、录音、录像、磁性存储、光存储、集成电路存储等;信息加工技术是对信息进行描述、分类、排序、转换、浓缩、扩充、创新等的技术,信息加工技术的发展已有两次突破,即从人脑信息加工到使用机械设备(如算盘、标尺等)进行信息加工,再发展为使用电子计算机与网络进行信息加工;信息标准化技术是指使信息的获取、传递、存储、加工各环节有机衔接,以提高信息交换共享能力的技术,如信息管理标准、字符编码标准、语言文字的规范化等。

信息技术按所处的功能层次不同,可分为基础层次的信息技术、支撑层次的信息技术、系统层次的信息技术、应用层次的信息技术。基础层次的信息技术如新材料技术、新能源技术等;支撑层次的信息技术如机械技术、电子技术、激光技术、生物技术、空间技术等;系统层次的信息技术如感测技术、通信技术、计算机技术、控制技术等;应用层次的信息技术如用以提高效率和效益的各种自动化、智能化、信息化应用软件与设备。

3. 信息技术的发展趋势

21世纪,信息技术飞速地发展,多媒体计算机技术和网络通信技术成为主要标志,信息技术也向更深、更快、更广的方向发展,未来一段时间内,其发展趋势主要有以下几点。

(1)数字化、多媒体化

各种各样的信息被数字化,转换为多媒体文件(包含文字、声音、图形图像、视频等信息)。这些信息由计算机、各种智能终端(包括智能手机、平板电脑等)进行处理,存储在本地或者云端上,用户在世界的任何地方都可以存取并使用这些信息。

过去的图书馆都是以保存纸质的图书文献资料为主,这种信息的存储方式会受到存储空间、自然灾害、保存条件等很多因素的影响。现在的图书馆信息保存方式中,重要的一环是数字信息的保存。

(2)高速网络化

数字化、多媒体化的信息流转对网络的速度提出了要求,高速网络建设一直是过去、现在和未来信息技术设施建设重要的基础工程。

近年来,在信息技术发展的潮流中,5G、物联网、车联网等新兴技术相继出现,相关的新型基础设施建设也开展得如火如荼,5G的应用、千兆网络的构建、物联网生态体系的建设等新生事物也逐渐成为世界各国宽带网络发展的热点。

(3)智能化

传统的信息处理本身没有智慧,不具备智能,但是随着人工智能理论的发展以及

信息技术及应用

计算机计算能力的提升，人工智能越来越多地走进人们的生活，各种信息存储、传输、处理的设备越来越智能化。人们已经广泛使用具有语音助理的智能手机和各种智能化的电器设备，虽然还没有达到完全意义上的人工智能，但是不可否认，它取得了很大的进展。

1.1.2 计算机中信息的表示

1. 信息的单位

信息处理的基本单位是"比特"，其英文为"bit"，中文译为"二进制位"，一般简称为"位"，用小写字母"b"表示。比特只有两种状态：0 或 1。它们不分大小，是组成数字信息的最小单位。

为了表示数据中的所有字符（字母、数字以及各种专用符号），一般需要用 7 位或 8 位二进制数，因此人们选定 8 位为一个字节，英文为"Byte"，简写为大写字母"B"。字节是计算机中用来表示存储空间大小的最基本的容量单位。除此之外，还可以用千字节（KB）、兆字节（MB）、吉字节（GB）、太字节（TB）等表示存储容量，它们之间存在下列换算关系：

1 B=8 bit

1 KB=2^{10} 字节=1 024 B

1 MB=2^{20} 字节=1 024 KB

1 GB=2^{30} 字节=1 024 MB

1 TB=2^{40} 字节=1 024 GB

2. 计算机中常用的进制

（1）进位计数制

数制又称为计数法，是人们用一组规定的符号和规则来表示数的方法，在日常生活和计算机中采用的都是进位计数制。我们能够接触到的进位计数制有十进制、二十四进制、六十进制、十二进制、十六进制等。在日常生活中最常用的是十进制，即按照逢十进一的原则进行计数。我们熟悉的进制还有：六十进制，计时中六十秒为一分钟，六十分钟为一小时；二十四进制，二十四小时为一天；十二进制，十二只物品为一打；十六进制，古代计量单位十六两为一斤。计算机中一般采用二进制。

进位计数制中有数位、基数和位权三个要素。数位是指数码在一个数中所处的位置；基数是指在某种进位计数制中每个数位上所能使用的数码的个数；位权是指在某种进位计数制中每个数位的大小，一般是基数的若干次幂。以十进制数为例，如果用 a_i 表示某一位的不同数码，对任意一个十进制数 A，可用下式表示：

$$A=a_{n-1}\times10^{n-1}+\cdots+a_1\times10^1+a_0\times10^0+a_{-1}\times10^{-1}+\cdots+a_{-m}\times10^{-m} \tag{1.1}$$

其中，a_i 只能使用 0～9 这十个数码，所以十进制的基数是 10；而 10^{n-1} 是指该数位的大小，也就是位权。例如十进制数 312.43，用式（1.1）表示则是 $312.43=3 \times 10^2+1 \times 10^1+2 \times 10^0+4 \times 10^{-1}+3 \times 10^{-2}$，$10^2$ 就表示位权，与 3 相乘也就是表示数码 3 在百位上所代表的数值大小。

根据十进制数的数位、基数、位权之间的关系，可以得到如下几个特点。

- 每一位可使用十个不同数字表示（0、1、2、3、4、5、6、7、8、9）。
- 低位与高位的关系是逢 10 进 1。
- 各位的权值是 10 的整数次幂（基数是 10）。
- 十进制数标志是尾部加 "D" 或默认不写。

（2）计算机中常用的几种进制

① 二进制。计算机的硬件基础是数字电路，所有的器件只有两种状态，考虑到经济、可靠、易实现、运算简便和节省器件等因素，计算机中的数多用二进制表示。与十进制相似，二进制有如下特点。

- 每一位可使用两个不同数字表示（0、1）。
- 低位与高位的关系是逢 2 进 1。
- 各位的权值是 2 的整数次幂（基数是 2）。
- 二进制数标志是尾部加 "B" 或直接在下标处注明。

例如，$(111.01)_B=1 \times 2^2+1 \times 2^1+1 \times 2^0+0 \times 2^{-1}+1 \times 2^{-2}=7.25$。

由于二进制数的阅读与书写很不方便，因此人们又常用八进制数或十六进制数来等价地表示二进制数。

②八进制。八进制的特点如下。

- 每一位可使用八个不同数字表示（0、1、2、3、4、5、6、7）。
- 低位与高位的关系是逢 8 进 1。
- 各位的权值是 8 的整数次幂（基数是 8）。
- 八进制数标志是尾部加 "Q" 或直接在下标处注明。

例如，$(465.4)_Q=4 \times 8^2+6 \times 8^1+5 \times 8^0+4 \times 8^{-1}=309.5$。

③十六进制。十六进制的特点如下。

- 每一位可使用十六个不同数字表示（0、1、2、3、4、5、6、7、8、9、A、B、C、D、E、F），其中 A 表示 10，B 表示 11，C 表示 12，D 表示 13，E 表示 14，F 表示 15，用这种方法主要是与十进制计数法区别。
- 低位与高位的关系是逢 16 进 1。
- 各位的权值是 16 的整数次幂（基数是 16）。
- 十六进制数标志是尾部加 "H" 或直接在下标处注明。

例如，$(FE.4)_H=15 \times 16^1+14 \times 16^0+4 \times 16^{-1}=254.25$。

几种常用进位制数的对照见表 1-1。

信息技术及应用

表 1-1　几种常用进位制数的对照

	十进制	二进制	八进制	十六进制		十进制	二进制	八进制	十六进制
零	0	0000	0	0	捌	8	1000	10	8
壹	1	0001	1	1	玖	9	1001	11	9
贰	2	0010	2	2	拾	10	1010	12	A
叁	3	0011	3	3	拾壹	11	1011	13	B
肆	4	0100	4	4	拾贰	12	1100	14	C
伍	5	0101	5	5	拾叁	13	1101	15	D
陆	6	0110	6	6	拾肆	14	1110	16	E
柒	7	0111	7	7	拾伍	15	1111	17	F

3. 各种进制之间的转换

计算机内部使用的是二进制数，生活中人们习惯用十进制数，要把它变为计算机能够识别并进行处理，必须将其转换成二进制数。计算机运算的结果输出时，又要把二进制数转换回十进制数供人们使用。数制之间的相互转换在计算机内部频繁地进行着。下面了解一下数制转换的基本方法。

（1）非十进制数转换成十进制数

把各个非十进制数按权展开求和，也就是把 n 进制数写成 n 的各次幂之和的形式，然后计算其结果。

【例 1.1】 将二进制数 11101.101 转换成十进制数。

解：$(11101.101)_2 = 1 \times 2^4 + 1 \times 2^3 + 1 \times 2^2 + 0 \times 2^1 + 1 \times 2^0 + 1 \times 2^{-1} + 0 \times 2^{-2} + 1 \times 2^{-3}$

$= 16 + 8 + 4 + 0 + 1 + 0.5 + 0 + 0.125 = (29.625)_{10}$

【例 1.2】 将八进制数 465.12 转换成十进制数。

解：$(465.12)_8 = 4 \times 8^2 + 6 \times 8^1 + 5 \times 8^0 + 1 \times 8^{-1} + 2 \times 8^{-2}$

$= 256 + 48 + 5 + 0.125 + 0.031\,25$

$= (309.156\,25)_{10}$

【例 1.3】 将十六进制数 32BE.48 转换成十进制数。

解：$(32BE.48)_{16} = 3 \times 16^3 + 2 \times 16^2 + 11 \times 16^1 + 14 \times 16^0 + 4 \times 16^{-1} + 8 \times 16^{-2}$

$= 12\,288 + 512 + 176 + 14 + 0.25 + 0.031\,25$

$= (12\,990.281\,25)_{10}$

（2）十进制数转换成非十进制数

将十进制数转换为非十进制数的方法是将十进制数的整数部分用"除基数逆序取余法"，小数转换用"乘基数顺序取整法"。

【例 1.4】 将十进制 28.687 5 转换成二进制数。

解：整数部分 28 转换如下。

整数部分一直除到商为 0 为止，每次得到的余数即二进制数码，先得到的余数排在低位，后得到的余数排在高位。整数部分 $(28)_{10}=(11100)_2$。

小数部分 0.687 5 逐次乘 2 取整，转换过程如下。

因此，$(28.687\ 5)_{10}=(11100.1011)_2$。

在【例 1.4】中，小数部分经过有限次乘 2 取整过程即告结束。但也有许多情况可能是无限的，这就要根据精度的要求在适当的位数上截止，一般可采用 0 舍 1 入的方法进行处理。

十进制数向八进制或十六进制转换的方法与二进制相似，分别采用除 8 取余法（对小数部分为乘 8 取整法）、除 16 取余法（对小数部分为乘 16 取整法）。在进行十进制数转换成十六进制数的过程中，对于采用除 16 取余法得到的余数和采用乘 16 取整法得到的整数，若为 10～15 之间的数值，最后要分别用字符 A、B、C、D、E、F 代替。

（3）二进制数与八进制数之间的转换

因为 $2^3=8$，所以三位二进制数位相当于一个八进制数位，它们之间存在简单直接的关系，二进制数与八进制数的关系见表 1-2。

表 1-2　二进制数与八进制数的关系

八进制数	二进制数	八进制数	二进制数
0	000	4	100
1	001	5	101
2	010	6	110
3	011	7	111

将二进制数转换成八进制数时，以小数点为界，分别向左、右两个方向进行，将每三位合并为一组，不足三位的以 0 补齐（注意：整数部分在前面补 0，小数部分在末尾补 0），然

后每三位二进制数用相应的八进制码（0～7）表示。将八进制数转换成二进制数则是逆过程，即将每一位八进制数码用三位二进制数码代替。

【例 1.5】 将$(11101001110.11001)_2$转换成八进制数。

解： 首先以小数点为中心，分别向左右两个方向每三位划分成一组（以逗号作为分界符），即 11，101，001，110.110，01。

从上面的分组情况可以看到：小数点的左边，有一组"11"不足三位，应该补一位 0，0 的位置应补在最左边，即"011"；小数点的右边，有一组"01"不足三位，应该在最右边补 0，即"010"。补 0 后的分组情况为 011，101，001，110.110，010，然后每三位用一个相应八进制数码代替，即得$(11101001110.11001)_2=(3516.62)_8$。

【例 1.6】 将$(3467.32)_8$转换成二进制数。

解： 将八进制数的每位数码依次用三位二进制数代替，即得：

$(3467.321)_8=(011100110111.011010001)_2$

$=(11100110111.011010001)_2$

（4）二进制数与十六进制数之间的转换

因为 $2^4=16$，所以四位二进制数与一位十六进制数是完全对应的，二进制数与十六进制数的关系见表 1-3，它们之间的转换原则同二—八进制转换，即一位十六进制数转换为四位二进制数。

表 1-3　二进制数与十六进制数的关系

十六进制数	二进制数	十六进制数	二进制数
0	0000	8	1000
1	0001	9	1001
2	0010	A	1010
3	0011	B	1011
4	0100	C	1100
5	0101	D	1101
6	0110	E	1110
7	0111	F	1111

【例 1.7】 将（45A2.CE）$_{16}$转换成二进制数。

解： 将十六进制数的每位数码依次用四位二进制数代替，即得：

（45A2.CE）$_{16}$=（100 0101 1010 0010.1100 111）$_2$

【例 1.8】 将（1001001110.110010）$_2$转换成十六进制数。

解： 首先以小数点为中心，分别向左右两个方向每四位划成一组，不足四位的需补 0，即得：

（10 0100 1110.1100 10）$_2$ = （0010 0100 1110.1100 1000）$_2$

= （24E.C8）$_{16}$

1.2 计算机发展史

1.2.1 计算机的发展历程

计算工具的演化经历了由简单到复杂、由低级到高级的不同阶段。从"结绳记事"中的绳结，到算筹、算盘、计算尺、机械计算机等，它们在不同的历史时期发挥了各自的历史作用，在电子计算机出现之前，它们是重要的计算工具，同时也对电子计算机的研制和设计思路有所启发。对现代电子计算机发展起到重要作用的人物有两个，他们是图灵（见图1-1）和冯·诺依曼（见图1-2）。

图 1-1　图灵（1912—1954）　　　图 1-2　冯·诺依曼（1903—1957）

艾伦·麦席森·图灵（Alan Mathison Turing，1912—1954），英国数学家、逻辑学家，第二次世界大战期间曾帮助英国破解了德军的密码系统，并且提出了"图灵机"的设计理念，为现在计算机逻辑工作方式打下了良好的基础。图灵的思想是计算机科学中可计算性理论的基础。图灵被大家称为"计算机科学之父"，计算机界最高奖项也是以图灵的名字命名的，目的就是为了纪念图灵为计算机界做出的突出贡献。

约翰·冯·诺依曼（John von Neumann，1903—1957），美籍匈牙利人。1943 年，冯·诺依曼提出了"存储程序通用电子计算机方案"，即电子计算机由运算器、控制器、存储器、输入设备和输出设备五大部分组成，该结构一直沿用至今。冯·诺依曼因做出了突出贡献而被赋予"现代计算机之父"的称号。

1946 年 2 月 14 日，由美国军方定制的世界上第一台电子计算机"电子数字积分计算机"（Electronic Numerical and Calculator，ENIAC）在美国宾夕法尼亚大学问世了。ENIAC（见图1-3）是美国奥伯丁武器试验场为了满足计算弹道需要而研制成的，这台计算器使用了 17 840 支电子管，大小为 80 英尺×8 英尺（1 英尺=0.304 8 m），重达 30 多吨，耗电量 150 kW，其运算速度为 5 000 次/秒的加法运算、400 次/秒的乘法运算，造价约为 487 000 美元。ENIAC 的问世具有划时代的意义，表明了电子计算机时代的到来。冯·诺依曼在研制 ENIAC 的后续机型 EDVAC 的过程中总结出两点：其一，计算机内部采用二进制数进行运算；其二，计算机将指令和数据存储起来，由程序控制计算机自动执行。

图 1-3　第一台电子数字积分计算机 ENIAC

根据计算机采用电子元件的不同，一般把计算机划分为四代。

第一代是电子管计算机（1946—1959 年），基本元件是电子管，特点是体积大、内存小、运算速度低，尚无操作系统，编程采用机器语言。20 世纪 50 年代出现了汇编语言。该时期计算机主要用于军事目的和科学研究，代表机型有 ENIAC、IBM650（小型机）、IBM709（大型机）等。

第二代是晶体管计算机（1960—1964 年），基本元件是晶体管，特点是体积小、成本低、质量轻、功耗小、速度高、功能强且可靠性高，内存由几千字节扩大到几十万字节，出现了高级程序设计语言。该时期计算机主要用于数据处理、自动控制等方面，代表机型有 IBM7090、IBM7094、CDC7600 等。

第三代是小规模和中规模集成电路计算机（1965—1972 年），特点是体积、质量、功耗进一步减小，运算速度、逻辑运算功能和可靠性进一步提高，出现了操作系统。该时期计算机和通信密切结合，广泛地应用到科学计算、数据处理、事务管理、工业控制等领域，代表机型有 IBM360 系列、富士通 F230 系列。

第四代是大规模和超大规模集成电路计算机（1973 年至今），特点是存储器采用集成度很高的半导体存储器，开始引入光盘，运算速度可达几百万次至上亿次/秒，性价比每 18 个月翻一番（摩尔定律），操作系统向虚拟操作系统发展，数据库管理系统不断完善和提高，程序语言进一步发展和改进。该时期计算机的类型除小型、中型、大型机外，开始向巨型机和微型机两个方面发展。1971 年，第一片 4 位微处理器 4004 在英特尔公司诞生，计算机开始深入各行各业，家庭和个人也开始使用。

20 世纪 90 年代开始，计算机发展更加迅猛，市场竞争大大加剧，学术界和工业界大多已不再沿用"第 X 代计算机"的说法。

1.2.2　未来计算机的发展方向

1. 巨型化

巨型机性能越来越高，速度越来越快，存储容量越来越大，可靠性更高，功能更完善。

巨型机的应用越来越广泛。

2. 微型化

微型计算机从台式机到笔记本再到超极本，质量越来越轻，便携性越来越好。同时以智能手机为代表的智能设备被广泛地使用，越来越多地代替了传统微机的应用场景。

3. 网络化

未来的计算机都是连接在网络上的，离开网络而独立存在的计算机将越来越少。

4. 智能化

智能化使计算机具有模拟人的感觉和思维过程的能力，使计算机成为智能计算机。这也是目前正在研制的新一代计算机要实现的目标。

1.3　计算机的分类、特点及应用领域

1.3.1　计算机的分类

计算机的分类有多种，常用的分类方法有：按处理数据的类型分类，可分为模拟计算机、数字计算机和数字模拟混合计算机，一般指的是数字计算机；按用途分类，可分为专用计算机和通用计算机两种，一般指的都是通用机；按计算机字长分类，可分为 8 位机、16 位机、32 位机和 64 位机及更高位机器；按 1989 年由 IEEE 科学巨型机委员会提出的运算速度分类法分类，可分为巨型机、大型机、小型机、工作站和微型计算机。

1. 巨型机

巨型机有极高的速度、极大的存储容量，用于国防尖端技术、空间技术、大范围长期性天气预报、石油勘探等方面。这类计算机在技术上朝两个方向发展：一是开发高性能器件，特别是缩短时钟周期，提高单机性能；二是采用多处理器结构，构成超并行计算机，通常由 100 个以上的处理器组成超并行巨型计算机系统，它们同时解算一个课题，来达到高速运算的目的。

神威·太湖之光超级巨型计算机（见图 1-4）是由我国国家并行计算机工程技术研究中心研制、安装在国家超级计算无锡中心的超级计算机。它安装了 40 960 个中国自主研发的"申威 26010"众核处理器，该众核处理器采用 64 位自主申威指令系统，峰值性能为 12.5 亿亿次/秒，持续性能为 9.3 亿亿次/秒。

2. 大型机

这类计算机具有很强的综合处理能力和很大的性能覆盖面。大型机使用专用的处理器指令集、操作系统和应用软件，用以完成特定的操作，可同时支持上万个用户，可支持几十个

大型数据库。大型机的稳定性和安全性在所有计算机系统中是首屈一指的。正是因为其稳定性和强大的数据处理能力，当前为止还没有其他的系统可以替代。由于成本巨大，使用大型机系统的一般以政府、银行、保险公司和大型制造企业为主，因为这些机构对信息的安全性和稳定性要求很高。

图 1-4　神威·太湖之光超级巨型计算机

3. 小型机

小型机是指采用精简指令集处理器，性能和价格介于微型计算机和大型机之间的一种高性能计算机。小型机与普通的服务器（也就是常说的 PC-SERVER）是有很大差别的，最重要的一点就是小型机的高 RAS（Reliability Availability Serviceability，可靠性、可用性、服务性）特性。小型机相对于大型机具有规模小、结构简单、设计试制周期短等特点，便于及时采用先进工艺技术，软件开发成本低，易于操作维护。它们已广泛应用于工业自动控制、大型分析仪器、测量设备、企业管理、大学和科研机构等，也可以作为大型与巨型计算机系统的辅助计算机。

4. 工作站

工作站是一种高端的通用微型计算机。它是为了单用户使用并提供比个人计算机更强大的性能，尤其是在图形处理、任务并行方面的能力，通常配有高分辨率的大屏、多屏显示器及容量很大的内存储器和外部存储器，并且具有极强的信息和高性能的图形、图像处理功能的计算机。另外，连接到服务器的终端机也可称为工作站。工作站的应用领域有科学和工程计算、软件开发、计算机辅助分析、计算机辅助制造、工程设计和应用、图形和图像处理、过程控制和信息管理等，应用领域十分广阔。

5. 微型计算机

微型计算机简称微机，也称个人计算机（Personal Computer，PC），俗称电脑，其准确的称谓应该是微型计算机系统。它可以简单地定义为：在微型计算机硬件系统的基础上配置必要的外部设备和软件构成的实体。微型计算机芯片的发展符合摩尔定律，平均 18～24 个月其集成度可提高一倍，性能提高一倍。微型计算机已经广泛应用于办公自动化、数据库管理、图像识别、语音识别、专家系统，多媒体技术等领域，并且已经走入了千千万万个家庭。

1.3.2 计算机的特点

1. 运算速度快

计算机可以高速准确地完成各种算术运算。当今计算机系统的运算速度已达到亿亿次/秒以上，微机也可达亿次/秒以上，使大量复杂的科学计算问题得以解决。比如关于卫星轨道的计算、天气模型的计算、各种药物分子式的筛选计算，这些计算在没有计算机的时代需要几年、几十年、上百年，甚至无法计算。而在现代社会里，用计算机只需几分钟就可完成。

2. 计算精确度高

科学技术的发展特别是尖端科学技术的发展，需要高度精确的计算。计算机控制的导弹之所以能准确地击中预定的目标，与计算机的精确计算是分不开的。一般计算机可以有十几位甚至几十位（二进制）有效数字，计算精度可由千分之几到百万分之几，是任何计算工具望尘莫及的。

3. 逻辑运算能力强

计算机不仅能进行精确计算，还具有逻辑运算功能，能对信息进行比较和判断。计算机能把参加运算的数据、程序以及中间结果和最后结果保存起来，并能根据判断的结果自动执行下一条指令以供用户随时调用。人工智能的发展已经使计算机在一定的程度上具备了"思考"的能力，在未来，计算机可以在一定程度上代替人类进行逻辑思维和逻辑判断。

4. 存储容量大

计算机内部的存储器具有记忆特性，可以存储大量的信息，这些信息不仅包括各类数据信息，还包括加工这些数据的程序。计算机可以轻易地存储一个大型图书馆的资料。随着各种存储设备的推出，计算机不仅可以存储海量的信息，而且存储的质量更高，保存的时间更加长。

5. 自动化程度高

由于计算机具有存储记忆能力和逻辑判断能力，因此人们可以将预先编好的程序组纳入计算机内存，在程序控制下，计算机可以连续、自动地工作，不需要人的干预。

6. 网络通信功能强

当今的计算机，绝大多数都连接在网络上。无论是连接在互联网还是企业内部网络，通过网络计算机可以实现互相通信、传递信息、数据和资源的共享。

1.3.3 计算机的应用领域

1. 科学计算

科学计算是计算机最早的应用领域，是指利用计算机来完成科学研究和工程技术中提出的数值计算问题。在现代科学技术工作中，科学计算的任务是大量和复杂的。利用计算机的运算速度高、存储容量大和连续运算的能力，可以解决人工无法完成的各种科学计算问题。例如，工程设计、地震预测、气象预报、火箭发射等都需要由计算机承担庞大而复杂的计算量。随着网络的发展，云计算的概念越来越多地出现在人们面前。云计算的核心概念就是以互联网为中心，在网站上提供快速且安全的云计算服务与数据存储，让每一个使用互联网的人都可以使用网络上的庞大计算资源与数据中心。

2. 数据、信息处理

数据、信息处理具体包括数据的采集、存储、加工、分类、排序、检索和发布等一系列工作。数据、信息处理已成为当代计算机的主要任务，是现代化管理的基础。据统计，80%以上的计算机主要应用于数据和信息的管理。数据和信息的管理已广泛应用于办公自动化、情报检索、图书馆行业、会计电算化等各行各业，典型应用如对高考招生中考生数据的统计工作、铁路和飞机客票的预订系统、银行系统的业务管理。

3. 辅助技术

辅助技术包括计算机辅助设计（Computer Aided Design，CAD）、计算机辅助制造（Computer Aided Manufacturing，CAM）和计算机辅助教学（Computer Aided Instruction，CAI）等。计算机辅助设计是利用计算机系统辅助设计人员进行工程或产品设计，以实现最佳设计效果的一种技术。CAD 技术已应用于飞机设计、船舶设计、建筑设计、机械设计、大规模集成电路设计等。采用计算机辅助设计，可缩短设计时间，提高工作效率，节省人力、物力和财力，更重要的是提高设计质量。计算机辅助制造是利用计算机系统进行产品的加工控制，输入的信息是零件的工艺路线和工程内容，输出的信息是诸如刀具的运动轨迹等信息。将CAD 和 CAM 技术集成，可以实现产品设计生产的自动化，这种技术称为计算机集成制造系统（Computer Integrated Making System，CIMS）。

4. 过程控制

过程控制也称实时控制，是指计算机及时地采集检测数据，按最佳值迅速地对控制对象进行自动控制和自动调节，如数控机床和生产流水线的控制等。在汽车工业方面，利用计算机控制机床、控制整个装配流水线，不仅可以实现精度要求高、形状复杂的零件加工自动化，而且可以使整个车间或工厂实现自动化。

5. 网络通信

计算机网络是由一些独立的和具备信息交换能力的计算机互联构成，以实现资源共享的系统。计算机在网络方面的应用使人类之间的交流跨越了时间和空间障碍。计算机网络已成为人类建立信息社会的物质基础,它给人们的工作和生活带来极大的方便和快捷,如支付宝和微信支付的使用、火车和飞机票的订票系统、使用腾讯文档进行在线协调办公、远程医疗服务等。

6. 多媒体应用

随着电子技术特别是通信和计算机技术的发展,人们已经有能力把文本、音频、视频、动画、图形和图像等各种类型媒体综合起来,构建成多媒体。多媒体在医疗、教育、商业、银行、保险、军事、广播等领域中的应用发展很快。多媒体和人工智能的结合还产生了虚拟现实(Virtual Reality,VR)和增强现实(Augmented Reality,AR)等技术。

7. 人工智能

人工智能(Artificial Intelligence,AI)是研究、开发用于模拟、延伸和扩展人的智能的理论、方法、技术及应用系统的一门新的技术科学。它是计算机科学的一个分支,20 世纪 70 年代以来被称为世界三大尖端技术(空间技术、能源技术、人工智能)之一,也被认为是 21 世纪三大尖端技术(基因工程、纳米科学、人工智能)之一。该领域的研究包括机器人、语言识别、图像识别、自然语言处理和专家系统等。人工智能从诞生以来,理论和技术日益成熟,应用领域也不断扩大。

8. 嵌入式系统应用

嵌入式系统是一种完全嵌入受控器件内部,为特定应用而设计的专用计算机系统。它与通用计算机系统不同,嵌入式系统通常执行的是带有特定要求的预先定义的任务。例如,洗衣机、空调、微波炉、数码相机等具有专业用途的电器设备中就广泛使用了嵌入式系统。

本章小结

本章主要介绍了信息与信息技术的基本概念和发展趋势,论述了计算机的发展历程、特点、应用,重点讲解了计算机中各种数制的表示和转换。

课后习题

1. 世界上第一台计算机诞生于_____。
   A. 1945 年　　　B. 1956 年　　　C. 1935 年　　　D. 1946 年
2. 第 4 代电子计算机使用的电子元件是_____。
   A. 晶体管　　　　　　　　　B. 电子管

  C. 中、小规模集成电路   D. 大规模和超大规模集成电路

3. 电子计算机的发展按其所采用的逻辑器件可分为_____个阶段。

  A. 2 个   B. 3 个   C. 4 个   D. 5 个

4. 二进制数 110000 转换成十六进制数是_____。

  A. 77   B. D7   C. 7   D. 30

5. 与十进制数 4 625 等值的十六进制数是_____。

  A. 1211   B. 1121   C. 1122   D. 1221

6. 二进制数 110101 对应的十进制数是_____。

  A. 44   B. 65   C. 53   D. 74

7. 十进制数 269 转换成十六进制数是_____。

  A. 10E   B. 10D   C. 10C   D. 10B

8. 二进制数 1010.101 对应的十进制数是_____。

  A. 11.33   B. 10.625   C. 12.755   D. 16.75

9. 十六进制数 1A2H 对应的十进制数是_____。

  A. 418   B. 308   C. 208   D. 578

10. 二进制数 1111101011011 转换成十六进制数是_____。

  A. 1F5B   B. D7SD   C. 2FH3   D. 2AFH

11. 十六进制数 CDH 对应的十进制数是_____。

  A. 204   B. 205   C. 206   D. 203

12. 下列四种不同数制表示的数中，数值最小的一个是_____。

  A. 八进制数 247   B. 十进制数 169

  C. 十六进制数 A6   D. 二进制数 10101000

13. 与十进制数 1 023 等值的十六进制数是_____。

  A. 3FDH   B. 3FFH   C. 2FDH   D. 3FFD

14. 十进制整数 100 转换为二进制数是_____。

  A. 1100100   B. 1101000   C. 1100010   D. 1110100

15. CAI 表示_____。

  A. 计算机辅助设计   B. 计算机辅助制造

  C. 计算机辅助教学   D. 计算机辅助军事

16. 微型计算机中使用的数据库属于_____。

  A. 科学计算方面的计算机应用   B. 过程控制方面的计算机应用

  C. 数据处理方面的计算机应用   D. 辅助设计方面的计算机应用

17. CAM 表示_____。

  A. 计算机辅助设计   B. 计算机辅助制造

  C. 计算机辅助教学   D. 计算机辅助模拟

18. 使用计算机进行生产流水线控制属于计算机_____的应用领域。

    A. 科学技术　　　B. 信息处理　　　C. 辅助技术　　　D. 过程控制

19. 巨型机神威·太湖之光的运行峰值性能为_____。

    A. 12.5 亿亿次/秒　　　　　　　B. 12.5 万亿次/秒

    C. 12.5 万亿亿次/秒　　　　　　D. 12.5 亿次/秒

第 2 章　计算机硬件

本章学习任务

1. 熟悉微型计算机主机的构成，了解 I/O 操作、I/O 总线、I/O 接口。
2. 掌握芯片组、BIOS、CMOS 的作用。
3. 掌握 CPU 的结构与原理，了解指令的执行过程。
4. 掌握存储器的分类及作用。
5. 了解各种常用输入/输出设备的功能和性能指标。

什么是计算机？计算机是 20 世纪最伟大的科学技术发明之一，它对人类的社会活动产生了极为深远的影响。计算机已经成为当今社会必不可少的生产和生活工具。

一个完整的计算机系统包括硬件系统和软件系统两大部分。硬件系统一般指计算机系统中所有物理设备的总称；软件系统一般指为运行、管理和维护计算机而编制的程序及其处理的数据和相关文档的总和。硬件是计算机系统的基础，软件是计算机系统的灵魂。通常，人们把没有安装任何软件的计算机称为裸机。计算机硬件和软件二者缺一不可，否则将不能工作。

本章首先从微型计算机的总体结构开始介绍，然后详细介绍计算机各硬件部件的作用及工作原理。

2.1　计算机硬件的构成

用户实际看到的微型计算机通常由主机、显示器、键盘、鼠标和打印机等组成。其实主机内安装有 CPU、主板、内存储器、电源、各种功能卡等部件，其中主板上又包含有芯片组、BIOS、CMOS、总线、I/O 控制器、若干插座插槽等。微型计算机的物理组成如图 2-1 所示。

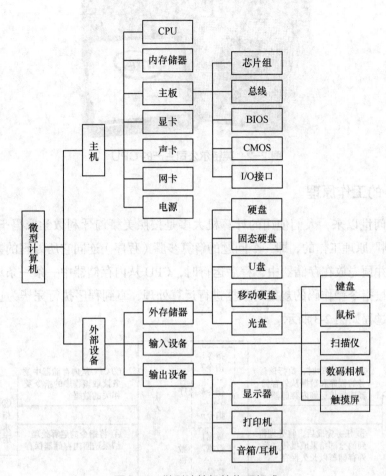

图 2-1 微型计算机的物理组成

2.2 CPU

计算机中负责对信息进行各种处理的部件称为"处理器"。处理器能高速执行指令完成二进制数据的算术、逻辑运算和数据传送等操作，它的结构很复杂。由于大规模集成电路的出现，处理器的所有组成部分可以制作在一块大小仅为几平方厘米的半导体芯片上；因为体积很小，所以这样的处理器通常称为"微处理器"。

一台计算机中往往有多个处理器，它们各自完成不同的任务，其中承担系统软件和应用软件运行任务的处理器称为"中央处理器"（CPU），它是任何一台计算机必不可少的核心组成部件。英特尔公司生产的 CPU 如图 2-2 所示。

图 2-2 英特尔公司生产的 CPU

2.2.1 CPU 的工作原理

自计算机问世以来，人们使用的计算机大多是按照美籍匈牙利数学家冯·诺依曼提出的"存储程序控制"原理工作的，即一个问题的解算步骤（程序）连同它所处理的数据都使用二进制数表示，并预先放在存储器中，程序运行时，CPU 从内存储器中一条一条地取出指令和相应的数据，按指令操作码的规定对数据进行运算处理，直到程序执行完毕为止。程序在计算机中的执行过程如图 2-3 所示。

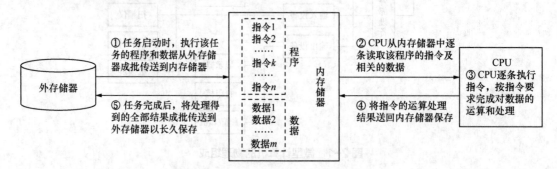

图 2-3 程序在计算机中的执行过程

计算机的工作过程就是 CPU 执行程序的过程。程序控制是指由当前在 CPU 中所执行的指令来决定计算机的各硬件部件如何动作以完成特定的信息处理任务。

CPU 的具体任务是执行指令，它按照指令的要求完成对数据的基本运算和处理。CPU 的组成及其与内存储器的关系如图 2-4 所示，它主要由以下三个部分组成。

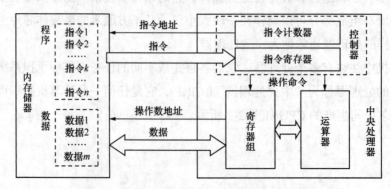

图 2-4 CPU 的组成及其与内存储器的关系

（1）寄存器组。寄存器组由十几个甚至几十个寄存器组成。寄存器的速度很快，它们用来临时存放参加运算的数据和运算得到的中间（或最后）结果。需要运算器处理的数据总是预先从内存储器传送到寄存器，运算结果不再需要继续参加运算就从寄存器保存到内存储器。

（2）运算器。运算器是用来对数据进行加、减、乘、除等各种算术运算和与、或、非等各种逻辑运算的，所以也称为算术逻辑部件（ALU）。通常，参加运算的数据来自寄存器，运算结果也送回寄存器保存。图 2-5 是算术逻辑部件与寄存器组示意图。为了加快运算速度，运算器中的 ALU 可能有多个，有的负责完成整数运算，有的负责完成实数（浮点数）运算，有的还能进行一些特殊的运算处理。

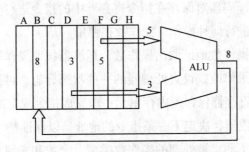

图 2-5　算术逻辑部件与寄存器组

（3）控制器。控制器是 CPU 的指挥中心，是对输入的指令进行分析，并统一控制计算机的各个部件完成一定任务的部件，它一般由指令寄存器、指令计数器、状态寄存器、指令译码器、时序电路和控制电路组成。计算机的工作方式是执行程序，程序就是为完成某一个任务而编制的特定指令序列，各种指令操作按一定的时间关系有序安排，控制器产生各种最基本的不可再分的微操作的命令信号，即微命令，以指挥整个计算机有条不紊地工作。其中，指令计数器通常用来存放 CPU 正在执行的指令的地址，CPU 将按照该地址从内存储器读取所要执行的指令；指令寄存器则用来保存当前正在执行的指令；指令译码器解释指令寄存器中指令的含义、控制运算器的操作、记录 CPU 的内部状态等。当计算机执行程序时，控制器首先从指令计数器中取得指令的地址，再根据地址从存储器中取出指令，由指令译码器对指令进行译码后产生控制信号，用以驱动相应的硬件完成指令操作。

2.2.2　CPU 的指令系统

使用计算机完成某个任务必须运行相应的程序。在计算机内部，程序是由一连串指令组成的，指令是构成程序的基本单位。指令采用二进制数表示，它用来规定计算机执行什么操作。大多数情况下，指令由两个部分组成，指令的格式如图 2-6 所示。

操作码	操作数地址

图 2-6　指令的格式

（1）操作码是指出计算机应执行何种操作的一个命令词，如加、减、乘、除、取数、存数等，每一种操作均有各自的代码，称为操作码。

（2）操作数地址是指出该指令所操作（处理）的数据或者所在的位置。操作数地址可能是 1 个、2 个甚至多个，这需要由操作码决定。

尽管计算机可以运行非常复杂的程序、完成多种多样的功能，但执行程序又归结于逐条执行指令，任何复杂程序的运行总是由 CPU 一条一条地执行指令来完成的。CPU 执行每一条指令还要分成若干步，每一步仅完成一个或几个非常简单的操作（称为微操作）。指令的执行过程大体如下。

（1）取指令：CPU 根据指令计数器中提供的地址，从存储器中读取一条指令，并送到指令寄存器暂存。

（2）分析指令：指令译码器对保存在指令寄存器中的指令进行分析，译出该指令对应的微操作，以决定该指令应进行何种操作、操作数在哪里。

（3）执行指令：根据操作数地址取出操作数，运算器按照操作码的要求对操作数完成规定的运算，并根据运算结果修改或设置处理器的一些状态标志，再把运算结果保存到指定的寄存器，需要时将结果从寄存器保存到内存单元，即完成指令规定的各种操作。

（4）最后修改指令计数器，决定下一条指令的地址，以保证整个过程循环执行。

不同指令的操作要求不同，被处理的操作数类型、个数和来源也不一样，执行时的步骤和复杂程度可能会相差很大。特别是 CPU 需要通过总线去访问存储器时，指令执行过程就会复杂一些。

一台计算机所能执行的全部指令的集合称为计算机的指令系统。指令系统决定了一台计算机硬件主要性能和基本功能。每一台计算机或每一种 CPU 均有自己特定的指令系统，其指令内容和格式有所不同。

不同公司生产的 CPU 各自有自己的指令系统，它们未必互相兼容。例如，现在大部分微型计算机，包括苹果公司生产的 Macintosh 都使用英特尔公司的微处理器作为 CPU，而一些大型计算机、平板电脑、智能手机使用的是其他类型的微处理器，它们的指令系统差别很大。因此，微型计算机上的程序代码不能直接在大型计算机、平板电脑、智能手机上运行，反之也是如此。但有些微型计算机使用 AMD 公司的微处理器，它们与 Intel 处理器的指令系统一致，因此这些微型计算机互相兼容。

2.2.3 CPU 的性能指标

计算机的性能在很大程度上是由 CPU 决定的。CPU 的性能主要表现为程序执行速度的快慢，那么如何衡量 CPU 的性能呢？常用的有以下几个指标。

（1）字长（位数）。字长是 CPU 最重要的一个性能指标，即 CPU 可以同时处理的二进制数据的位数，也是 CPU 中整数寄存器和定点运算器的宽度（即二进制整数运算的位数）。由于存储器地址是整数，整数运算是定点运算器完成的，因此定点运算器的宽度也就大体决定了地址码位数的多少。地址码的长度决定了 CPU 可访问的存储器最大空间，这是影响 CPU

性能的一个重要因素。多年来，个人计算机使用的 CPU 大多是 32 位处理器，近些年开始使用的 Core2 和 Core i5/i7 已经扩充为 64 位处理器。

（2）主频（CPU 时钟频率）。主频是指 CPU 中电子线路的工作频率，它决定着 CPU 芯片内部数据传输与操作速度的快慢。一般而言，主频越高，执行一条指令需要的时间就越少，CPU 的处理速度就越快。20 世纪 80 年代初，微型计算机的 CPU 主频不超过 10 MHz，现在个人计算机和智能手机的 CPU 主频都在 1～4 GHz 范围内。

（3）CPU 内核。CPU 内核是 CPU 中间的核心芯片，由单晶硅制成，用来完成所有的计算、接受/存储命令、处理数据等，是数字处理核心。内核数量越多，CPU 性能就越高。

（4）高速缓存（Cache）的容量与结构。高速缓存是为了解决 CPU 和系统总线速度差异问题而出现的一种容量较小但速度很快的存储器，分为一级缓存（L1 Cache）和二级缓存（L2 Cache）。程序运行过程中，高速缓存有利于减少 CPU 访问的次数。通常，Cache 容量越大、级数越多，其效用就越显著。

（5）指令。指令的类型、数目、功能等都会影响程序的执行速度。

（6）逻辑结构。CPU 包含的定点运算器和浮点运算器数目、是否具有数字信号处理功能、有无指令预测和数据预测功能、流水线结构和级数等都对指令执行的速度有影响，甚至对某些特定应用有很大的影响。

总之，要提高 CPU 性能有三大关键措施：一是改进 CPU 结构；二是提高 IC 速度（主频）；三是增加 CPU（核）的数目。

2.3　主板及扩充卡

2.3.1　主板

主板又称为主机板、系统板或母板（Motherboard），安装在机箱内，是计算机最基本也是最重要的部件之一。在主板上通常安装有 CPU 插座、芯片组、存储器插槽、扩充卡插槽、显卡插槽、BIOS、CMOS 存储器、光驱和硬盘连接器以及若干用于连接外围设备的 I/O 接口（见图 2-7）。

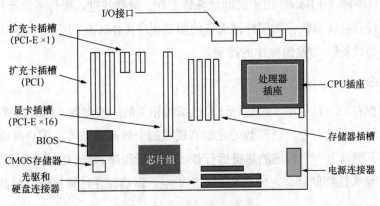

图 2-7　计算机主板示意图

CPU 芯片和内存储器分别通过主板上的 CPU 插座和存储器插槽安装在主板上。计算机常用外围设备通过扩充卡（如声卡、显卡等）或 I/O 接口与主板相连，扩充卡借助卡上的印刷插头插在主板上的 PCI 总线插槽中。随着集成电路的发展和计算机设计技术的进步，许多扩充卡的功能可以部分或全部集成在主板上（如串行口、并行口、显卡、声卡、网卡等）。

2.3.2　芯片组

芯片组（chipset）是计算机各组成部分相互联接和通信的枢纽，存储器控制、I/O 控制功能几乎都集成在芯片组内，它既实现了计算机总线的功能，又提供了各种 I/O 接口及相关的控制。没有芯片组，CPU 就无法与内存储器、扩充卡、外设等交换信息。

芯片组通常是与 CPU 芯片同步发展的。有什么样功能和速度的 CPU，就需要使用什么样的芯片组。芯片组还决定了主板上所能安装的内存储器最大容量、速度及可使用的内存储器类型。此外，随着显卡、硬盘等设备性能的提高，芯片组中的控制接口电路也要相应变化。由于集成电路集成度越来越高，因此为降低系统成本，芯片组中集成了越来越多的功能，包括显卡、声卡、网卡等复杂的功能。

2.3.3　BIOS 和 CMOS

1．BIOS

BIOS 的中文名为基本输入/输出系统，它是存放在主板上闪烁存储器中的一组机器语言程序，是计算机软件中最基础的部分，没有它，机器就无法启动。由于 BIOS 存放在闪存储器中，因此即使机器关机，它的内容也不会改变。

BIOS 具有诊断计算机故障、启动计算机工作、控制基本外设的输入/输出操作（键盘、鼠标、磁盘读写、屏幕显示等）等功能。

BIOS 主要包含四个部分的程序：加电自检程序 POST、系统主引导记录的装入程序（系统自举程序）、CMOS 设置程序、常用外部设备的驱动程序。加电自检程序用于检测计算机硬件故障；系统自举程序（Boot）用于启动计算机工作，加载并进入操作系统运行状态；CMOS 设置程序用于设置系统参数；常用外部设备的驱动程序（Driver）用于实现对键盘、显示器、硬盘等常用外部设备输入/输出操作的控制。

2．CMOS

CMOS 中保存的不是程序，而是与计算机系统相关的一些参数（称为配置信息），包括当前的日期和时间、开机口令、已安装的光驱和硬盘的个数及类型等，用户可以在启动操作系统的过程中按下键盘上一个特定的热键运行 CMOS 设置程序，修改 CMOS 中存储的一些参数。CMOS 是一种易失性存储器，它使用纽扣电池供电，以确保在计算机断电后其中的信息不会丢失。

2.3.4　总线与接口

输入/输出设备（又称 I/O 设备或外设）是计算机系统的重要组成部分，没有 I/O 设备，计算机就无法与外界（包括人、环境、其他计算机等）交换信息。

I/O 操作的任务是将输入设备输入的信息送入内存储器的指定区域，或者将内存储器指定区域的内容送出到输出设备。通常，每个（类）I/O 设备都有各自专用的控制器（I/O 控制器），它们的任务是接受 CPU 启动 I/O 操作的命令后，独立地控制 I/O 设备的操作，直到 I/O 操作完成。

I/O 控制器是一组电子线路，不同设备的 I/O 控制器结构与功能不同，复杂程度相差也很大。有些设备（如键盘、鼠标、打印机等）的 I/O 控制器比较简单，它们已经集成在主板上的芯片内。有些设备（如音频、视频设备等）的 I/O 控制器比较复杂，且设备的规格和品种也比较多样，这些 I/O 控制器就制作成扩充卡（也叫作适配卡或控制卡），插在主板的 PCI 扩充槽内。随着芯片组电路集成度的提高，越来越多原先使用扩充卡的 I/O 控制器如声卡、网卡等也已经包含在芯片组内，这既缩小了机器的体积、提高了可靠性，也降低了机器的成本。

大多数 I/O 设备都是一个独立的物理实体，它们并不包含在计算机的主机箱里。因此，I/O 设备与主机之间必须通过连接器（也叫作插头或插座）实现互联。主机上用于连接 I/O 设备的各种插头、插座统称为 I/O 接口。为了连接不同的设备，计算机有多种不同的 I/O 接口，它们不仅外观形状不同，而且电气特性及通信规程也各不相同。图 2-8 所示是计算机中 I/O 设备、I/O 接口、I/O 控制器、I/O 总线等相互关系的示意图。

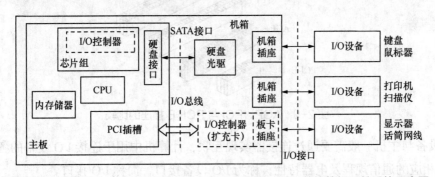

图 2-8　计算机中 I/O 设备、I/O 接口、I/O 控制器、I/O 总线等相互关系的示意图

总线指的是计算机部件之间传输信息的一组公用的信号线及相关控制电路。它用于 CPU、内存储器、外存储器和各种输入/输出设备之间传输信息并协调它们工作。按照传输信号的性质划分，总线有三种类型。

（1）数据总线。数据总线是一组用来在存储器、运算器、控制器和 I/O 设备之间传输数据信号的公共通路。数据总线既可以用于 CPU 向内存储器和 I/O 接口传输数据，也可以用于内存储器和 I/O 接口向 CPU 传输数据。数据总线的位数通常与 CPU 的位数相对应，也是计算机的一个重要的指标。

（2）地址总线。地址总线是 CPU 向内存储器和 I/O 接口传输地址信息的公共通路，它是从 CPU 向外传输的单向总线。地址总线传输地址信息，地址信息可能是存储器的地址，也可能是 I/O 接口的地址。地址总线的位数决定了 CPU 可以直接寻址的内存范围。

（3）控制总线。控制总线是一组用来在存储器、运算器、控制器和 I/O 设备之间传输控制信号的公共通路。控制总线是 CPU 向内存储器和 I/O 接口发出命令的通道，也是外界向 CPU 传输状态信息的通道。

总线在发展过程中已逐步标准化，20 世纪 90 年代初开始，计算机一直采用一种被称为 PCI 的 I/O 总线标准，它的工作频率是 33 MHz，数据线宽度是 32 位（或 64 位），传输速率达 133MB/s（或 266MB/s），可以用于挂接中低速度的外部设备。

PCI-Express（简称 PCI-E）是计算机 I/O 总线的一种新标准，它采用高速串行传输以点对点的方式与主机进行通信。PCI-E 包括×1、×4、×8 和×16 等多种规格，分别包含 1、4、8 或 16 个传输通道，每个通道的数据传输速率为 250MB/s，n 个通道可使传输速率提高 n 倍，以满足不同设备对数据传输速率的不同需求。

除了数据传输速率高的优点之外，由于是串行接口，因此 PCI-E 插座的针脚数目也大为减少，这样就降低了 PCI-E 设备的体积和生产成本，如图 2-9 所示。另外，PCI-E 也支持高级电源管理和热插拔。目前 PCI-E ×1 和 PCI-E ×16 已经成为 PCI-E 的主流规格。

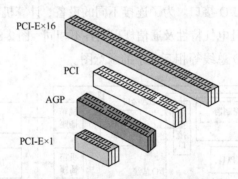

图 2-9　AGP、PCI 与 PCI-E 插座的比较

I/O 设备与主机一般需要通过连接器实现互联，计算机中用于连接 I/O 设备的各种插头、插座以及相应的通信规程及电器特性，称为 I/O 设备接口，简称 I/O 接口。

计算机可以连接许多不同种类的 I/O 设备，所使用的 I/O 接口分成多种类型。从数据传输方式来看，有串行（一位一位地传输数据，一次只传输 1 位）和并行（8 位或者 16 位、32 位一起进行传输）之分；从数据传输速率来看，有低速和高速之分；从是否能连接多个设备来看，有总线式（可串接多个设备，被多个设备共享）和独占式（只能连接 1 个设备）之分；从是否符合标准来看，有标准接口与专用接口之分。

需要特别加以说明的是 USB 接口。USB 是英文 Universal Serial Bus（通用串行总线）的缩写，它是一种可以连接多个设备的总线式串行接口，现在已经在计算机、数码相机、手机等设备中普遍使用。USB 2.0 的最高数据传输速率为 480 Mbit/s（60 MB/s），用来连接键盘、鼠标等设备；USB 3.0 的最高数据传输速率可达 500 MB/s，用来连接 U 盘、移动硬盘等高速设备。

USB 2.0 接口使用 4 线连接器，有 A 型、B 型、Mini 型之分，如图 2-10 所示，它的插头比较小，不用螺钉连接，可方便地进行插拔。它符合"即插即用"（PnP）规范，在操作系统的支持下，用户无须手动配置系统就可以插上或者拔出使用 USB 接口的外围设备，计算机会自动识别该设备并进行配置，使其正常工作。同时，USB 接口还支持热插拔，即在计算机运行时就可以插拔设备。

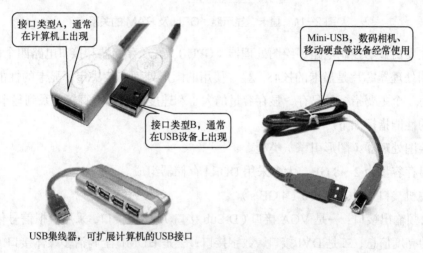

图 2-10　USB 接口的 3 种类型

借助 USB 集线器可以扩展机器的 USB 接口数目，一个 USB 接口理论上能连接 127 个设备。带有 USB 接口的 I/O 设备可以有自己的电源，也可以通过 USB 接口由主机提供电源（+5 V，100～500 mA）。

由于 USB 接口的上述优点，因此它的使用已经非常普遍。目前无论是台式计算机还是便携式计算机，几乎没有不具备 USB 接口的。为了便于将使用传统接口（如串行口和并行口）的 I/O 设备连接到 USB 接口，市场上有多种转接器销售，如 USB-串口转接器、USB-并口转接器、USB-PS/2（标准键盘和鼠标端口）转接器等。

最后需要说明的是，有些设备（如鼠标、扫描仪、移动硬盘等）可以连接在主机的不同接口上，这取决于该设备本身使用的接口是什么。另外，一些传统的 I/O 接口，如串行口和并行口，大多已被性能更好的 USB 取代，许多以前使用串行口或并行口的设备，现在已经越来越多地改用 USB 接口了。

2.3.5　显卡

显示控制器简称显卡，它是将计算机系统所需要的显示信息进行转换驱动、扫描信号，控制显示器正确显示的硬件设备。它是连接显示器和个人计算机主板的重要部件，是"人机对话"的重要设备之一。显卡和 CPU 一样在硬件系统中占有举足轻重的地位。显卡有独立显卡和集成显卡之分，显卡、显示器、CPU 及 RAM 的关系如图 2-11 所示。

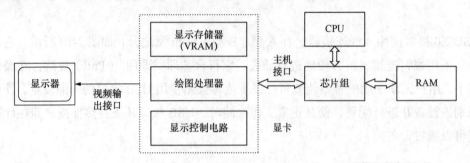

图 2-11　显卡、显示器、CPU 及 RAM 的关系

　　显卡主要由显示控制电路、绘图处理器（GPU）、显示存储器和接口电路四个部分组成。其中，绘图处理器芯片是显卡的核心，显卡使用的图形处理芯片决定了显卡的性能和档次。而显卡的另一个主要指标是显存，显存容量的大小和速度的快慢会直接关系到显卡的性能。

　　显卡的性能指标如下。

　　（1）绘图处理器（图形引擎）类型。

　　（2）显存容量为 2～8 GB，大多采用 DDR4 存储器组成。

　　（3）主机接口为 PCI-E ×16（4 GB/s）。

　　（4）视频输出接口：一是 VGA 接口（D-Sub 接口），模拟接口，采用模拟信号传输 R、G、B 三基色的亮度信息；二是 DVI 接口，数字接口；三是 HDMI 全高清多媒体接口（以无压缩方式传送 1 920 × 1 200 的数字视频信号和 5.1 声道音频信号）。显示器接口如图 2-12 所示。

图 2-12　显示器接口

　　高性能的显卡要具有下面的功能：带有专用的几何图形加速器；采用硬件来完成诸如 3D 造型、Z 缓冲、纹理映射、明暗处理、透明色处理、反锯齿、透视校正等绘制操作和特殊效果处理。

2.3.6　声卡

　　声卡（Sound Card）也称为音频卡，它是计算机多媒体系统中最基本的组成部分，是实现声波/数字信号相互转换的一种硬件。声卡的基本功能是把来自话筒、光盘的原始声音信号加以转换，输出到耳机、音箱等声响设备，或通过音乐设备数字接口（MIDI）发出合成乐器的声音。

2.3.7　网卡

网卡又称为网络适配器或网络接口卡，它是一块被设计用来允许计算机在计算机网络上进行通信的计算机硬件。网卡是网络中连接计算机和传输介质的接口，不仅能实现与传输介质之间的物理连接和电信号匹配，还涉及帧的发送与接收、帧的封装与拆封、介质访问控制、数据的编码与解码以及数据缓存的功能等。

2.4　存储器

存储器是计算机系统中具有记忆存储功能的设备，负责程序、数据信息的存储和管理。按照用途划分，存储器可以分为内存储器（又称主存储器）和外存储器（又称辅助存储器）。

2.4.1　内存储器

内存储器由称为存储器芯片的半导体集成电路组成，其特点是存取速度比较快，与 CPU 直接相连，用来临时存放正在运行的程序和正在处理的数据，与外存储器相比容量较小、价格较贵。

1.　概述

半导体存储器按照是否可以随机读写，可以分为两大类：随机存取存储器（Random Access Memory，RAM）和只读存储器（Read Only Memory，ROM）。半导体存储器的类型如图 2-13 所示。

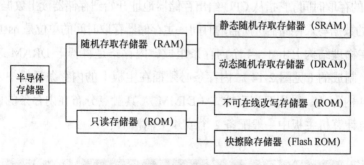

图 2-13　半导体存储器的类型

（1）随机存取存储器（RAM）

随机存取存储器也称为可读写存储器，可以对其进行读写操作，是一种易失性存储器，在计算机关闭或断电后其中的信息会全部丢失。

RAM 目前多采用 MOS 型半导体集成电路芯片制成，根据其保存数据的机理又可分为

DRAM 和 SRAM 两种。

① 静态随机存取存储器（SRAM）。该芯片电路较复杂、集成度较低、功耗较大、制造成本高、价格贵，但工作速度很快，适合用作高速缓冲存储器（Cache），目前大多集成在 CPU 芯片中。

② 动态随机存取存储器（DRAM）。该芯片电路较简单、集成度较高、功耗较小、成本较低，通常用于制造内存储器。但它速度比 CPU 慢得多，因此出现了不同的 DRAM 结构来改善其性能。

（2）只读存储器（ROM）

一般情况下只能对只读存储器进行读取操作，不能进行写操作，是一种非易失性存储器，能够永久或半永久地保存信息，在计算机关闭或断电后，保存在 ROM 中的信息也不会丢失。ROM 根据内容是否可以在线改写，分为不可在线改写内容的 ROM（如 PROM EPROM 等）和可在线改写的快擦除存储器（Flash ROM 或闪烁存储器，简称闪存）。在低电压情况下，存储在 Flash ROM 中的信息可读不可写；在高电压情况下，存储在其中的信息可以被修改或删除。因此，Flash ROM 被广泛地应用于存储卡、U 盘中，在微型计算机中也用于存储 BIOS 程序。

2. 主存储器

主存储器在逻辑结构上包含大量的存储单元，每个存储单元可以存放 1 个字节（8 位二进制数）。每个存储单元有一个编号，称为内存地址，CPU 按地址对存储器进行访问。

衡量存储器的性能指标主要如下。

（1）存储器的存储容量。它指存储器所包含的存储单元的总和，单位是 MB 或 GB。计算机中地址线数目决定了 CPU 可直接访问的存储空间大小，假设计算机地址线数目为 32，则能访问的存储空间大小为 2^{32} B=4 GB。

（2）存储器的存取时间。它指从 CPU 给出存储器地址开始到存储器读出数据并送到 CPU（或者是将 CPU 中的数据写入存储器）所需的时间。主存储器存取时间的单位是 ns（1 ns=10^{-9} s）。

主存储器在物理结构上由 1~4 个内存条组成，内存条是将若干 DRAM 芯片焊装在一小条印制电路板上制成的（见图 2-14）。内存条必须插在主板上的内存条插槽中才能使用，目前流行的是 DDR4 内存条，采用双列直插式（DIMM），其触点分布在内存条的两面，DDR4 拥有 284 个引脚。计算机主板中一般配备 2 个或 4 个插槽。

图 2-14　DDR4 2 666 MHz 内存条

　　目前常见 DDR4 内存条通常带有称为散热马甲的铝制散热片（见图 2-15），散热片不仅有利于内存芯片上热量的散发，同时还给内存储器提供了一定的屏蔽电磁波的功能，从而保证了内存储器稳定运行。

图 2-15　带散热马甲的内存条

2.4.2　外存储器

　　外存储器与内存储器相比，存取速度慢而容量相对较大，不与 CPU 直接相连，可以永久性地保存计算机中几乎所有的信息。计算机常见的外存储器是硬盘、固态硬盘、移动硬盘、U 盘、存储卡、光盘等，这些设备为大容量信息存储提供了更多的选择。下面分别介绍各种常用的外存储器。

1．硬盘存储器

（1）组成与原理

　　硬盘存储器（Hard Disk Drive，HDD）就是硬盘，也称为机械硬盘。硬盘是计算机最重要的外存储器，由磁盘盘片、磁头、主轴与主轴电机、移动臂、磁头控制器、数据转换器、接口、缓存等部分组成。硬盘盘片与驱动器的组成如图 2-16 所示。

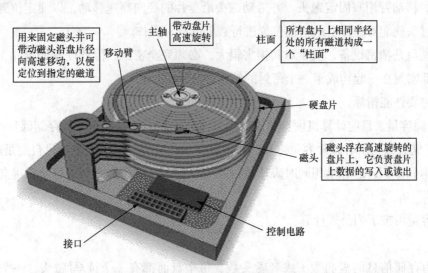

图 2-16　硬盘盘片与驱动器的组成

　　硬盘的盘片由铝合金或玻璃材料制成，盘片的上下两面都涂有一层很薄的磁性材料，通过磁性材料粒子的磁化来记录数据。磁性材料粒子有两种不同的磁化方向，分别用来表示记

录的是 "0" 还是 "1"。盘片表面由外向里分成许多同心圆，每个圆称为一个磁道，盘面上一般都有几千个磁道，每条磁道还要分成几千个扇区，每个扇区的容量一般为 512 字节。盘片两面都记录数据。磁盘的磁道和扇区如图 2-17 所示。

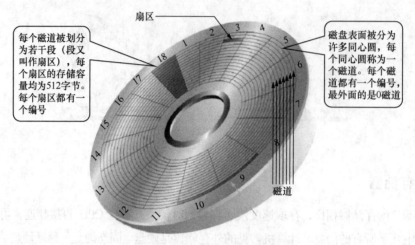

图 2-17　磁盘的磁道和扇区

通常，一块硬盘由 1～5 张盘片组成，所有盘片上相同半径处的一组磁道称为 "柱面"。所以，硬盘上的数据需要使用三个参数来定位：柱面号、扇区号和磁头号。所有的盘片都固定在一个旋转主轴上，主轴底部有一个电机，当硬盘工作时，电机带动主轴，主轴带动盘片以每分钟数千转到上万转的速度高速旋转。而所有盘片之间是绝对平行的，在每个盘片的存储面上都有一个磁头，磁头与盘片之间的距离比头发丝的直径还小，它负责盘片上数据的写入或读出。移动臂用来固定磁头，并带动磁头沿盘片的径向高速移动，以便定位到指定的磁道，这样磁头就能对盘片上的指定位置进行数据的读写操作。

由于硬盘是精密设备，灰尘对其损害很大，必须完全密封，因此硬盘的盘片、磁头及驱动机构全部密封在一起构成了一个密封的组合件。

（2）主要性能指标

① 存储容量。目前计算机硬盘单碟容量大多为 1 000 GB，硬盘中的存储碟片一般有 1～5 片，其存储容量为所有碟片容量之和。作为计算机的外存储器，硬盘容量自然是越大越好。但限于成本和体积，总容量相同时碟片数目宜少不宜多，因此提高单碟容量是提高硬盘容量的关键。

存储容量可按下列公式计算：

$$C=n×K×S×b$$

式中，n 为存储信息的盘面数（或者磁头数，每个盘面都有一个读/写磁头，一个盘片有两个盘面，都记录信息）；K 为盘面上的磁道数；S 为每一磁道上的扇区数；b 为每个扇区可存储的字节数（一般为 512 字节），单位为 B，由于硬盘容量较大，因此一般用 GB 或 TB 表示。

② 平均存取时间。硬盘存储器的平均存取时间由硬盘的旋转速度、磁头的寻道时间和数据的传输速率决定。硬盘旋转速度越高，磁头移动到数据所在磁道越快，对于缩短数据存取时间越有利。

③ 数据传输速率。数据传输速率分为外部传输速率和内部传输速率。外部传输速率（接口传输速率）指主机从（向）硬盘缓存读出（写入）数据的速度，它与采用的接口类型有关，现在采用的 SATA 接口一般为 150～600 MB/s。内部传输速率指硬盘在盘片上读写数据的速度，通常小于外部传输速率。一般而言，当单碟容量相同时，转速越高内部传输速率也越快。

④ 缓存容量。高速缓冲存储器能有效地改善硬盘的数据传输性能，理论上讲缓存是越大越好。目前硬盘的缓存容量大多达到 64 MB 以上。

⑤ 与主机的接口。硬盘与主机的接口用于在主机与硬盘驱动器之间提供一个通道，实现主机与硬盘之间的高速数据传输。计算机使用的硬盘接口大多是一种串行 ATA（简称 SATA）接口，它以高速串行的方式传输数据，其传输速率高达 150～600 MB/s。

除此之外，在选购硬盘时，寻道时间、连续无故障时间 MTBF、自我监测分析及报告技术（S.M.A.R.T 技术）等也都是需要考虑的因素。

2. 固态硬盘

固态硬盘（Solid State Disk，SSD），也称为"固态驱动器"，它是基于 NAND 闪烁存储器构成的一种外存储器。固态硬盘内部构造比较简单，固态硬盘内主体是一块 PCB 板，而这块 PCB 板上集成有控制芯片、缓存芯片（部分低端固态硬盘无缓存芯片）和用于存储数据的闪存芯片（见图 2-18）。目前固态硬盘普遍采用 SATA、M.2、PCI-E 等类型的接口。

图 2-18　固态硬盘

固态硬盘与机械硬盘（HDD）相比有以下优缺点。

（1）优点

① 读写速度快。由于采用闪存作为存储介质，因此读取速度相对机械硬盘更快。固态硬盘不用磁头，寻道时间几乎为 0。随机读写速度和持续写入的速度非常惊人。

② 防震抗摔性强。机械硬盘中的数据存储在磁盘盘片里，而固态硬盘是使用闪存颗粒制作而成的，所以固态硬盘内部不存在任何机械部件，在发生碰撞、冲击、震动时能够将数据丢失的可能性降到最小。

③ 低功耗。固态硬盘的功耗要低于传统硬盘。

④ 无噪声。固态硬盘没有电动机和风扇，工作时噪声值为 0 dB。

⑤ 工作温度范围大。机械硬盘只能在 5～55 ℃范围内工作。而大多数固态硬盘可在-10～70 ℃工作。

⑥ 轻便。固态硬盘在质量方面更轻。

（2）缺点

固态硬盘与机械硬盘相比，固态硬盘的容量较小，单位价格较高，而且固态硬盘闪存有擦写次数限制的问题。数据损坏后难以恢复，机械硬盘的硬件发生损坏，通过数据恢复也许还能挽救一部分数据；固态硬盘的芯片发生损坏，要想在碎成几瓣或者被电流击穿的芯片中找回数据几乎是不可能的。

3. 可移动存储器

目前广泛使用的移动存储器有 U 盘、移动硬盘和存储卡（见图 2-19）。

（a）   （b）

图 2-19　U 盘和移动硬盘

（1）U 盘

U 盘（闪存盘或优盘）是采用 Flash Memory 作为存储器的移动存储设备。U 盘具有断电后其中数据不会丢失的特点，其质量轻、体积小、携带方便，如图 2-19（a）所示，市场上常见 U 盘的容量已经可以达到 512 GB，无须外接电源，直接采用 USB 接口的电压电源，支持即插即用。U 盘的使用读写速度快，数据保存时间长，对 U 盘可以进行百万次以上的反复擦写，使用寿命比较长。

（2）移动硬盘

相对于 U 盘，移动硬盘的容量更大，现在市场上常见的移动硬盘容量已经达到 10 TB，它的读写速度快，体积小，易于携带，使用也非常方便，支持即插即用，并且其安全性高，具有一定的防震功能，在剧烈震动时盘片自动停止旋转并将磁头复位到安全区，防止磁片损坏。

（3）存储卡

存储卡是闪存做成的固态存储器，形状为扁平的长方形或正方形，可插拔。现在存储卡的种类较多，如 SD 卡、CF 卡、MS 卡和 MMC 卡等，它们具有与 U 盘相同的多种优点，但只有配置了读卡器的计算机才能对这些存储卡进行读写操作。存储卡是用于手机、数码相机、便携式计算机、MP3 等数码产品上的独立存储介质，一般是卡片的形态（见图 2-20）。

图 2-20　存储卡

4．光盘存储器

自从光存储技术诞生以来，光盘存储器获得迅速发展，形成了 CD、DVD 和 BD 三代光盘存储器产品（见表 2-1）。

表 2-1　光盘存储器的三代产品

分代	年份	名称	激光类型	存储容量
第 1 代	1982 年	CD 光盘存储器	红外光	650 MB
第 2 代	1995 年	DVD 光盘存储器	红光	4.7 GB
第 3 代	2006 年	BD 光盘存储器	蓝光	25 GB

注：表中 DVD 和 BD 的容量均为单面单层的容量。

光盘存储器成本不高，容量较大，还具有很高的可靠性，不容易损坏。光盘的表面介质也不易受温湿度的影响，便于长期保存。光盘存储器的缺点是读出速度和数据传输速度比硬盘慢得多。

光盘驱动器按其信息读写能力分成只读光驱和光盘刻录机两大类型，按其可处理的光盘片类型又进一步分成 CD 只读光驱和 CD 刻录机、DVD 只读光驱和 DVD 刻录机、DVD 只读光驱与 CD 刻录机组合在一起的组合光驱以及最新的大容量蓝色激光 BD 只读光驱和 BD 刻录机。

光盘片是光盘存储器的信息存储载体，按其存储容量目前主要有 CD 盘片、DVD 盘片和 BD 盘片三大类，按其信息读写特性又可进一步分成只读盘片、一次可写盘片和可擦写盘片三种。例如，CD 盘片有三种不同类型：只读光盘（CD-ROM），其上面的信息只能读出，不能写入；一次性写入光盘（CD-R），只能写一次，写后不能修改；可擦除光盘（CD-RW）是可反复擦写的光盘。

2.5 输入设备

输入设备的功能是将外界的数据、指令、标志信息、语音、文字、符号、图形和图像等转换为计算机能识别和处理的信息形式并输送到计算机中进行处理。最常用的输入设备有键盘、鼠标、扫描仪、数码相机、触摸屏、传感器等。

2.5.1 键盘

键盘是计算机最常用的输入设备。键盘通过键盘电缆线与主机相连。键盘可分为打字机键区、功能键区、全屏幕编辑键区和数字小键盘区等 4 个区，各区的作用有所不同。

（1）打字机键区。打字机键区是键盘操作的主要区域，也是主要操作对象。各种字符、数字和符号等都可以通过该键区的操作输入到计算机中。

（2）功能键区。功能键区位于键盘最上面的一排，从 F1~F12，以及 Esc 键，共 13 个键。Esc 键的作用是放弃或改变当前操作，F1~F12 键在不同的系统环境下有不同的功能。

（3）全屏幕编辑键区和数字小键盘区。全屏幕编辑键区的键是为了方便使用者在全屏幕范围内操作使用。全屏幕编辑键区的键表示一种操作，如光标的上下移动，插入和删除等。数字小键盘区中几乎所有键都是其他区的重复键，如打字机键区中的数字、运算符，全屏幕编辑键区的光标移动操作键等。

常用键的基本功能见表 2-2。

表 2-2 常用键的基本功能

键名	主要功能
Shift	按下 Shift 键的同时再按某键，可得到上档字符
CapsLock	CapsLock 灯亮表示处于大写状态，否则为小写状态
Space	按一下 Space 键，输入一个空格字符
Backspace	按下 Backspace 键可使光标回退一格，删除一个字符
Enter	对命令的响应，光标移到下一行，起分行作用
Tab	按一下 Tab 键，光标右移 8 个字符位置
Alt	Alt 键通常和其他键组成特殊功能键
Ctrl	Ctrl 键必须和其他键组合在一起使用
Esc	表示终止程序或指令的执行
F1~F12	共 12 个功能键，其功能由操作系统及运行的应用程序决定
Ctrl+Alt+Delete	系统的热启动，使用的方法是按住 Ctrl 键和 Alt 键不放再按 Delete 键

续表

键名	主要功能
Insert	如果处于"插入"状态，可以在光标左侧插入字符；如果处于"改写"状态，则输入的内容会自动替换原来光标右侧的字符
Delete	删除光标右侧的字符，或是删除一个（些）已选择的对象
Home	将光标移至光标所在行的行首
End	将光标移至光标所在行的行末
PageUp	向上翻页
PageDown	向下翻页
NumLock	NumLock 指示灯亮表示充当数字小键盘使用，否则充当光标控制键使用
PrintScreen	屏幕打印控制键，按 PrintScreen 键，可以将当前整个屏幕内容复制到剪贴板上
Alt+PrintScreen	同时按下 Alt 键和 PrintScreen 键，可以将当前选择的窗口内容复制到剪贴板上
PauseBreak	暂停键，用于控制正在执行的程序或命令暂停执行。需要继续往下执行时，按一下任意键即可

早期的键盘几乎都是机械式键盘，这种键盘的手感硬、按键行程长、按键阻力变化快捷清脆，手感很接近打字机键盘，所以在当时很受欢迎，但是机械触点式键盘的缺点是机械弹簧很容易损坏，而且电触点在长时间使用后会氧化，导致按键失灵。与机械式键盘相比，目前主流的电容式键盘的手感有很大的变化，变得轻柔而富于韧性，电容式键盘每一个按键都必须做成独立的封闭结构，这样的键盘也被分类为"封闭式键盘"；其优点是无接触、不存在磨损和接触不良的问题、寿命长、手感好、击键声音小。

键盘上每个键在计算机中都有它的唯一代码。当用户按下某键时，键盘接口将该键的二进制代码通过键盘接口传送给计算机的主机。

键盘与主机的常见接口是 USB 接口。无线键盘采用无线接口，它与计算机主机之间没有直接的物理连接，而是通过无线电波将输入信息传送给主机上安装的专用接收器，使用比较灵活方便。

2.5.2 鼠标

鼠标是一种手持式屏幕坐标定位设备，它是适应图形操作系统环境而出现的一种输入设备。

常用的鼠标基本都是光电式的。光电式鼠标的底部装有两个平行放置的小光源。这种鼠标在反射板上移动，光源发出的光经反射板反射后由鼠标接收，并转换为电信号送入计算机，使屏幕的光标随之移动。光电式鼠标工作速度快，准确性和灵敏度高，没有机械磨损，很少需要维护，也不需要专用鼠标垫，在任何平面上均可操作。光电式鼠标的正面和底面的照片如图 2-21 所示。

图 2-21 光电式鼠标器

当用户移动鼠标时，借助于机电或光学原理，鼠标移动的距离和方向（X 方向及 Y 方向的距离）将分别变换成脉冲信号输入计算机，计算机中运行的鼠标驱动程序把接收到脉冲信号再转换成为鼠标在水平方向和垂直方向的位移量，从而控制屏幕上鼠标箭头的运动。

鼠标一般有两个键，分别称为左键和右键，中间还有一个滚轮。鼠标上的两个按键的按下和放开，均会以电信号形式传送给主机。至于按键后计算机做些什么，则由正在运行的软件决定。滚轮是用来控制屏幕内容进行上、下移动，与窗口右边框滚动条的功能一样。鼠标主要用于定位或完成某种特定的操作，如单击分单击左键和单击右键。一般地，单击是指单击左键，就是用食指按一下鼠标左键马上松开，可用于选择某个对象；单击右键就是用中指按一下鼠标右键马上松开，用于弹出快捷菜单；双击就是连续快速地点击鼠标左键两下，用于执行某个对象；拖曳是指按住鼠标左键不放，移动鼠标指针到所需的位置，用于将选中的对象移动到所需的位置。

当移动鼠标时，显示器屏幕上有一个同步移动的箭头，即鼠标指针，鼠标指针会随着鼠标的移动而移动，在进行不同的操作时，指针会显示不同的状态，表 2-3 列出了 Windows 默认状态下鼠标进行不同操作时指针的形状。

表 2-3 Windows 默认状态下鼠标进行不同操作时指针的形状

鼠标操作	指针形状	鼠标操作	指针形状
正常选择	↖	帮助选择	↖?
后台运行	↖⧖	系统忙	⧖
精确定位	＋	选定文本	I
手写	✎	不可用	⊘
垂直调整	↕	水平调整	↔
沿对角线调整	↖ ↗	移动	✛
候选	↑	链接选项	☝

鼠标与主机的常见接口也是 USB 接口，目前无线鼠标也已广泛使用。与鼠标类似的设备还有笔记本电脑上使用的轨迹球、指点杆和触摸板等。

2.5.3　其他输入设备

除了常见的键盘、鼠标外，还有很多种类的输入设备，如扫描仪、触摸屏、手写板、话筒、摄像头、数码相机、数码摄像机、条形码阅读器、传感器等。下面主要介绍扫描仪、数码相机、触摸屏、传感器等几种输入设备。

1．扫描仪

扫描仪是通过捕获图像并将原稿（图片、照片、底片、文稿）的影像转换成计算机可以显示、编辑、存储和输出的数字化输入设备。照片、文本页面、图纸、美术图画、照相底片、菲林软片，甚至纺织品、标牌面板、印制板样品等三维对象都可作为扫描对象，提取后将原始的线条、图形、文字、照片、平面实物转换成可以编辑及加入文件中的装置。

（1）扫描仪的分类

扫描仪按结构来分，可分为手持式、平板式、胶片专用和滚筒式扫描仪等。

（2）工作原理

扫描仪是基于光电转换原理而设计的。感光器件是扫描仪的关键部件，其好坏直接决定着扫描图像的质量，目前常用的感光器件有两种：电荷耦合器件（CCD）和接触式图像感应装置（CIS）。

现以平板式扫描仪为例，介绍它的工作原理（见图 2-22）。平板式扫描仪获取图像的方式是先将光线照射扫描的材料，当扫描不透明的材料，如照片、打印文本、标牌、面板和印制板实物时，材料上黑的区域反射较少的光线，亮的区域反射较多的光线，而（CCD）可以检测图像上不同光线反射回来的不同强度的光，通过 CCD 将反射光波转换成为数字信息，用 1 和 0 的组合表示，最后控制扫描仪操作的扫描仪软件读入这些数据，并重组为计算机图像文件。

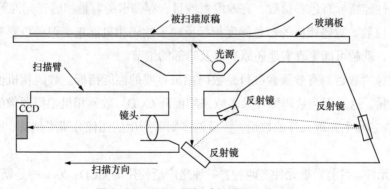

图 2-22　CCD 平板式扫描仪工作原理

（3）扫描仪的主要性能指标

① 分辨率。分辨率是扫描仪最主要的技术指标，它反映了扫描仪扫描图像的清晰程度，用每英寸（1 英寸=2.54cm）的取样点（像素）数目（dpi）来表示。理论上讲，dpi 数值越大，

扫描的分辨率越高，扫描图像的品质就越高。

② 色彩位数。色彩位数又称为像素深度，表示彩色扫描仪所能产生颜色的范围。它反映了扫描仪对图像色彩的辨析能力，色彩位数越多，扫描仪所能反映的色彩就越丰富。

③ 扫描幅面。它指被扫描原稿的最大尺寸，常见的有 A4、A3、A0 幅面等。

④ 灰度级。灰度级表示图像的亮度层次范围。级数越多，扫描仪图像亮度范围就越大，层次就越丰富。

2．数码相机

数码相机是集光学、机械、电子为一体的产品。数码相机的特点是可以即时看到拍摄效果，可以很容易地把数据传输给计算机，并且可以借助计算机来处理拍摄的图像。

数码相机将影像聚焦在成像芯片（CCD 或 CMOS）上，并由成像芯片转换成电信号，再经过模数转换（A/D 转换）变成数字图像，经过必要的图像处理和数据压缩之后，存储在相机内部的存储器中。其中，成像芯片是数码相机的核心，数码相机的成像过程如图 2-23 所示。

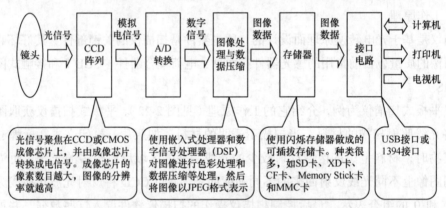

图 2-23　数码相机的成像过程

数码相机性能指标有色彩位数、有效像素数目、存储卡的容量和感光元件等。

（1）色彩位数。数码相机的彩色深度指标反映了数码相机能正确记录色彩有多少，色彩位数的值越高，就越可能更真实地还原亮部及暗部的细节。

（2）有效像素数目。有效像素数目是数码相机重要的性能指标。数码相机使用图像的绝对像素数来衡量，这是因为数码照片大多数采用面阵 CCD。数码相机拍摄图像的像素数取决于相机内 CCD 芯片上光敏元件的数量，数量越多则可产生的图像分辨率越高，所拍图像的质量也就越好。

（3）感光元件。目前光敏元件有两种：一种是广泛使用的 CCD；另一种是新兴的 CMOS。

3．触摸屏

现在很多数码产品如平板电脑、手机甚至在酒店等公共场所的多媒体计算机或银行查询终端上都已使用触摸屏作为输入装置。触摸屏是在液晶面板上覆盖一层压力板，它对压力很敏感，当手指或笔尖施压其上时会有电流产生以确定压力源的位置，并对其进行跟踪，然后通过软件识别出用户所输入的信息。

现在流行的是一种"多点触摸屏",它大多基于电容传感器原理,可以同时感知屏幕上的多个触控点。用户除了能进行单击、双击、平移等操作外,还可以使用双手对指定的屏幕对象进行缩放、旋转、滚动等控制操作。

4. 传感器

传感器是一种检测装置,它能感受到被测量的信息,并将感受到的信息按一定规律变换成电信号或其他所需形式的信息输出,以满足信息的传输、处理、存储、显示、记录和控制等要求。摇动手机就可以控制游戏中赛车的方向,带着手机出门就能记录你走了几千米,这些场景都少不了天天伴你身旁的智能手机。而手机能完成以上任务,主要是靠内部安装的传感器。手机中的传感器有多少种,又是根据什么原理来工作呢?

(1)光线传感器。人类的眼睛能在明暗环境下调整进入眼睛的光线。例如,进入电影院,瞳孔会放大,让更多光线进入眼睛。而光线传感器则可以让手机感测环境光线的强度,用来调节手机屏幕的亮度。因为屏幕通常是手机最耗电的部分,所以运用光线传感器来协助调整屏幕亮度,能达到延长手机使用时间的作用。光线传感器也可搭配其他传感器一同来侦测手机是否被放置在口袋中,以防止误触。

(2)距离传感器。距离传感器是透过红外线 LED 灯发射红外线,被物体反射后由红外线探测器接收,凭此判断接收到红外线的强度来判断距离,有效距离大约在 10 m。它可感知手机是否被贴在耳朵上讲电话,若是则会关闭屏幕来省电。距离传感器也可以运用在手套模式中,用来解锁或锁定手机。

(3)重力传感器。重力传感器内部有一块重物与压电片整合在一起,透过正交两个方向产生的电压大小计算出水平的方向。运用在手机中时,可用来切换横屏与直屏方向;运用在赛车游戏中时,则可透过水平方向的感应,将数据运用在游戏里,从而转动行车方向。

(4)加速度传感器。加速度传感器的作用原理与重力传感器相同,它透过三个维度来确定加速度方向,功耗小但精度低。运用在手机中可用来计步、判断手机朝向的方向。

(5)磁(场)传感器。磁(场)传感器是通过测量电阻变化来确定磁场强度,使用时需要摇晃手机才能准确判断,大多运用在指南针、地图导航当中。

(6)陀螺仪。陀螺仪能够测量沿一个轴或几个轴动作的角速度,是补充 MEMS 加速度计(加速度传感器)功能的理想技术。事实上,如果结合加速度计和陀螺仪这两种传感器,系统设计人员可以跟踪并捕捉 3D 空间的完整动作,为终端用户提供更真实的用户体验、精确的导航系统及其他功能。手机中的"摇一摇"功能、体感技术,还有 VR 视角的调整与侦测,都是运用陀螺仪的作用。

(7)GPS。地球上方特定轨道上运行着 24 颗 GPS 卫星,它们不停地向全世界各地广播自己的位置坐标与时间戳,手机中的 GPS 模块透过卫星的瞬间位置来起算,以卫星发射坐标的时间戳与接收时的时间差来计算出手机与卫星之间的距离,GPS 可运用在定位、测速、测量距离与导航等用途中。

（8）指纹传感器。目前主流的技术是电容式指纹传感器，然而超音波指纹传感器也有逐渐流行起来的趋势。电容式指纹传感器作用时，手指是电容的一极，硅芯片数组则是另一极，透过人体带有的微电场与电容式指纹传感器之间产生的微电流，指纹的波峰波谷与传感器之间的距离形成电容高低差，描绘出指纹的图形。超音波指纹传感器原理也类似，但不会受到汗水、油污的干扰，辨识速度也更为快速。指纹传感器通常运用在手机中，可用来解锁、加密、支付等。

除此之外，还有霍尔传感器、气压传感器、心率传感器、血氧传感器、紫外线传感器等。

2.6 输出设备

输出设备的功能是把计算机处理的结果（或中间结果）转换为人能识别的数字、符号、文字、语音、图形和图像等信息形式，或转换为其他系统所能接受的信息形式输出。最常用的输出设备有显示器、打印机、音箱、投影仪等。

2.6.1 显示器

显示器是计算机最常用的必不可少的图文输出设备，它能将数字信号转化为光信号，使文字和图像在屏幕上显示出来。显示器通常由两个部分组成：监视器和显示控制器。监视器就是日常所说的"显示器"；显示控制器是主机箱内的一块扩充卡，就是日常所说的"显卡"。它们是两个独立的产品。

计算机所使用的显示器主要有两类：阴极射线管（CRT）显示器和液晶（LCD）显示器。由于 CRT 显示器笨重，耗电量和辐射大，因此已被 LCD 显示器所取代。显示器的组成及分类如图 2-24 所示。

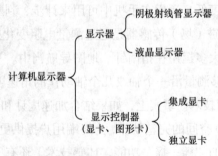

图 2-24　显示器的组成及分类

LCD 显示器与 CRT 显示器相比，具有工作电压低、没有辐射、功耗小、不闪烁、适于大规模集成电路驱动、体积轻薄、易于实现大画面显示等优点，现在已经广泛应用于计算机、数码相机、数码摄像机、电视机、手机等设备。

　　LCD 显示器是借助液晶对光线进行调制而显示图像的一种显示器。液晶是介于固态和液态之间的一种物质，它是具有规则分子排列的有机化合物，加热时呈现透明的液体状态，冷却时则出现结晶颗粒的混浊固体状态，因此既具有液体的流动性，又具有固态晶体排列的有向性。它是一种弹性连续体，在电场的作用下能快速地展曲、扭曲或者弯曲。

　　下面是关于 LCD 显示器的一些主要性能参数。

　　（1）显示屏的尺寸。与电视机相同，计算机显示屏大小也以显示屏的对角线长度来度量，目前常用的显示器有 19 英寸、22 英寸、25 英寸、27 英寸（1 英寸=2.54cm）等。

　　（2）显示器的分辨率。分辨率指的是屏幕最多可显示像素的多少，一般用水平分辨率×垂直分辨率来表示。1 024×768 中的"1 024"指屏幕水平方向的点数，"768"指屏幕垂直方向的点数，分辨率越高，图像越清晰。

　　（3）刷新速率。刷新速率指所显示的图像每秒更新的次数。刷新频率越高，图像的稳定性越好，不会产生闪烁和抖动。

　　（4）响应时间。响应时间反映了 LCD 显示器像素对输入信号反应的速度，即由暗转亮或由亮转暗的速度。响应时间越小越好。

　　（5）亮度和对比度。液晶本身并不能发光，因此背光的亮度决定了它的画面亮度。一般来说，亮度越高，显示的色彩就越鲜艳，效果也越好。对比度是最亮区域与最暗区域之间亮度的比值，对比度小时容易产生图像模糊。

　　（6）背光源类型。计算机使用的 LCD 显示器采用透射显示，其背光源主要是白色发光二极管（LED）。

　　选购液晶显示器除了需要考虑屏幕大小、分辨率、刷新速率、色彩还原能力等参数外，还要了解另外三个指标：首先，液晶面板根据坏点的个数被划分为 A、B、C 三个等级。坏点由于不能产生颜色变化而直接影响成像质量，因此坏点个数最好少于三个且分布在屏幕边缘；其次，对比度和亮度是影响画面质量最重要的指标，LCD 的最大对比度和亮度值通常是越高越好；最后是 LCD 的响应时间，它指的是图像内容变化的速度，响应时间越短越好。

2.6.2　打印机

　　打印机（Printer）将计算机的处理结果打印在纸上，是计算机最基本的输出设备之一。

　　（1）打印机的分类

　　打印机按打印方式可分为击打式和非击打式两类，击打式主要是针式打印机，非击打式主要有喷墨打印机和激光打印机（见图 2-25）。

　　① 针式打印机。针式打印机是一种击打式打印机，针式打印机是利用机械动作，将字体通过色带打印在纸上。它的工作原理主要体现在打印头上。打印头安装了若干根钢针，有 9 针、16 针和 24 针等几种。钢针垂直排列，它们靠电磁铁驱动，一根钢针一个电磁铁。当打印头沿纸横向运动时，由控制电路产生的电流脉冲驱动电磁铁，使其螺旋线圈产生磁场吸动

衔铁，钢针在衔铁的推动下产生击打力，顶推色带，就把色带上的油墨打印到纸上而形成一个墨点；当电流脉冲消失后，电磁场减弱，复位弹簧使钢针和衔铁复位。打印完一列后，打印头平移一格，然后打印下一列。打印头安装在字车上，字车由步进电机牵引的钢丝拖动，做水平往返运动，使打印头在两个方向都能打印。

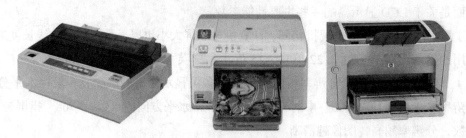

图2-25　针式、喷墨、激光打印机

　　针式打印机打印质量不高、工作噪声大，现已被淘汰出办公和家用打印机市场。但它使用的耗材成本低，能多层套打，特别是平推打印机，因其独特的平推式进纸技术而在打印存折和票据方面具有其他种类打印机不具有的优势，在银行、证券、邮电、商业等领域中还在继续使用。

　　② 激光打印机。激光打印机是激光技术与复印技术相结合的产物，它是一种高分辨率、高速度、低噪声、价格适中的输出设备。

　　激光打印机的工作原理如图2-26所示。激光器采用半导体激光二极管，在它的两极加上大小不同的电压就会发出强度变化的激光束，称为电源调制。计算机输出的"0""1"信号加在激光二极管上，就能得到一系列被调制的脉冲式激光。激光束经过棱镜反射后聚焦到感光鼓，感光鼓表面涂有光电转换材料，于是计算机输出的文字或图像就以不同密度的电荷分布记录在感光鼓表面，以静电形式形成了"潜像"，然后感光鼓表面的这些电荷会吸附厚度不同的炭粉，最后通过温度与压力的联合作用，把表现文字或图像的炭粉附着在纸上。由于激光能聚焦成很细的光点，因此激光打印机的分辨率较高，印刷质量相当好，但激光打印机工作的时候会产生臭氧，对环境造成污染。

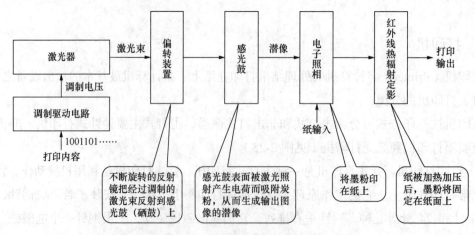

图2-26　激光打印机的工作原理

激光打印机分为黑白和彩色两种，其中低速黑白激光打印机已经普及，而彩色激光打印机的价格还比较高，适合专业用户使用。

③ 喷墨打印机。喷墨打印机也是一种非击打式输出设备，它的优点是能输出彩色图像、经济、低噪声、打印效果好、使用低电压不产生臭氧，有利于保护办公室环境，墨水成本高且消耗快是它的不足之处。目前在彩色图像输出设备中，喷墨打印机已经占据绝对优势。

（2）打印机的性能指标

打印机的性能指标有打印精度、打印速度、色彩数目等。

① 打印精度。打印精度也就是打印机的分辨率，它是打印机在打印输出时横向和纵向两个方向上每英寸最多能够打印的点数，用 dpi 表示单位。打印分辨率决定了打印机输出图像时能表现的精细程度。分辨率越高，其单位长度上反映出来可显示的像素个数就越多，因此打印质量就越好。

② 打印速度。激光打印机和喷墨打印机是页式打印机，它们的打印速度是指打印机每分钟打印输出的纸张页数，单位用 PPM（Pages Per Minute）表示。PPM 是衡量非击打式打印机输出的主要标准，而该标准可以分为两种类型：一种类型是指打印机可以达到的最高打印速度，另外一种类型是打印机在持续工作时的平均输出速度。一般喷墨打印机都可以达到 4 PPM 以上，激光打印机的打印速度可达 10 PPM 以上。针式打印机的打印速度通常使用每秒可打印的字符数或行数来度量。

③ 色彩数目。色彩数目指打印机可打印的不同颜色的总数，这是衡量彩色喷墨打印机包含彩色墨盒数多少的一种参考指标，该数目越大，就意味着打印机可以处理越丰富的图像色彩。对于喷墨打印机来说，最初只使用红、黄、蓝三色墨盒，色彩效果不佳。后来改用青、黄、洋红、黑四色墨盒，虽然有很大改善，但与专业要求相比还是不太理想，于是又加上了淡青和淡洋红两种颜色，以改善浅色区域的效果，从而使喷墨打印机的输出有着更细致入微的色彩表现能力。

（3）特殊功能的打印机

① 照片打印机。照片打印机是特殊设计用来打印照片的彩色打印机，有些照片打印机也使用喷墨技术。要获得和传统照片接近的效果，需要使用特殊的照片纸。随着数码相机的普及，照片打印机也越来越流行，有些照片打印机采用数码相机使用的标准存储介质，这样数码相机的存储卡就能直接插入照片打印机中。对于专业的应用，可以使用热转换照片打印机，这种技术将加热的蜡或颜料印在纸上，产生比喷墨打印机更好的图像，但是价格昂贵。

② 条形码和标签打印机。条形码打印机可以打印各种标准类型或者自定义的条形码，应用于零售商店等场所；标签打印机则能够打印如信封、包裹、文件夹等标签。

③ 绘图机和宽幅喷墨打印机。绘图机主要设计用来绘制图表、地图、蓝图、三维视图和其他形式的大型文档。绘图机可以使用多种技术，最普遍的是静电绘图机；这些设备使用调色剂生成图像，这与影印机类似，当带电的纸经过调色剂板时，调色剂就会粘在纸上产生图像。当需要打印如海报、广告等大型彩色图像时，经常使用喷墨绘图机，通常也称为宽幅喷

墨打印机。一般打印是输出到纸上，一些新的宽幅喷墨打印机也可以直接打印在布匹或者其他材料上。

2.6.3　音箱

计算机系统除了有显示设备和打印机以外，经常还需要其他类型的输出设备——多媒体输出设备，包括音箱、投影仪等。如今的计算机一般都带有一套音箱。音箱是用来输出声音的，如玩计算机游戏、听音频视频片段、听音乐、在屏幕上看电视或者 DVD 电影等面向消费者的多媒体应用。商业应用包括视频和多媒体演示，以及视频会议等。

计算机音箱系统与立体音箱设备类似，有多种档次。低档的音箱通过单个椎体输出全部频率的声音，高档的音箱包括特殊的低音装置，并将不同的声音频率通过不同的椎体输出。

2.6.4　投影仪

投影仪是一种可以将图像或视频投射到幕布上的设备，可以通过不同的接口与计算机、VCD、DVD、BD、游戏机、DV 等连接，播放相应的视频信号。

本章小结

本章主要介绍了微型计算机的物理构成、计算机硬件各逻辑组成部件的作用及工作原理。从逻辑功能上来讲，计算机主要由运算器、控制器、存储器、输入设备、输出设备这五大部件组成。实际个人计算机是由 CPU、内存储器、总线等构成了计算机的主机，外存储器和输入/输出设备等构成了计算机的外围设备，简称外设。主机中有主板、硬盘、光驱、电源、风扇等物理装置，主板一般包括芯片组、CPU 插座、存储器插槽、各类扩展槽、BIOS 系统、CMOS、各类 I/O 接口和跳线开关等。其中，芯片组集中了主板上几乎所有的控制电路，是主板的核心。CPU 是计算机的核心部件，包括三个部分，即寄存器组、运算器和控制器。存储器是计算机存储数据和程序的部件，包括外存储器和内存储器，内存储器分为只读存储器（ROM）和随机存取存储器（RAM），外存储器有硬盘、移动硬盘、U 盘和光盘等。常用的输入设备有键盘、鼠标、扫描仪和数码相机等，常用的输出设备有显示器、打印机等。

课后习题

1. 下列选项中，叙述正确的一项是＿＿＿＿＿＿。
   A. 计算机系统是由主机、外设和系统软件组成的
   B. 计算机系统是由硬件系统和应用软件组成的
   C. 计算机系统是由硬件系统和软件系统组成的
   D. 计算机系统是由微处理器、外设和软件系统组成的。

2. 下列有关总线的描述，不正确的是_____。

   A. 总线分为内部总线和外部总线　　B. 内部总线也称为片总线

   C. 总线的英文表示就是 Bus　　D. 总线体现在硬件上就是计算机主板

3. 在 Windows 环境中，最常用的输入设备是_____。

   A. 键盘　　　　B. 鼠标　　　　C. 扫描仪　　　　D. 手写设备

4. 下列叙述中，正确的是_____。

   A. 计算机的体积越大，其功能越强

   B. CD-ROM 的容量比硬盘的容量大

   C. 存储器具有记忆功能，故其中的信息任何时候都不会丢失

   D. CPU 是中央处理器的简称

5. 下列 4 条叙述中，错误的一条是_____。

   A. 描述计算机执行速度的单位是 MB

   B. 计算机系统可靠性指标可用平均无故障运行时间来描述

   C. 计算机系统从故障发生到故障修复平均所需的时间称为平均修复时间

   D. 计算机系统在不改变原来已有部分的前提下，增加新的部件、新的处理能力或增加新的容量的能力，称为可扩充性

6. ROM 中的信息是_____。

   A. 由生产厂家预先写入的

   B. 在安装系统时写入的

   C. 根据用户需求不同，由用户随时写入的

   D. 由程序临时存入的

7. 控制器的功能是_____。

   A. 指挥、协调计算机各相关硬件工作

   B. 指挥、协调计算机各相关软件工作

   C. 指挥、协调计算机各相关硬件和软件工作

   D. 控制数据的输入和输出

8. 配置 Cache 是为了解决_____。

   A. 内存储器与外存储器之间速度不匹配问题

   B. CPU 与外存储器之间速度不匹配问题

   C. CPU 与内存储器之间速度不匹配问题

   D. 主机与外部设备之间速度不匹配问题

9. 下列叙述中，正确的是_____。

   A. 内存储器中存放的只有程序代码

   B. 内存储器中存放的只有数据

   C. 内存储器中存放的既有程序代码又有数据

D. 外存储器中存放的是当前正在执行的程序代码和所需的数据

10. 造成计算机中存储数据丢失的原因主要是_____。

    A. 病毒侵蚀、人为窃取   B. 计算机电磁辐射

    C. 计算机存储器硬件损坏   D. 以上全部

11. "32 位微型计算机"中的 32，是指下列技术指标中的_____。

    A. CPU 功耗   B. CPU 字长   C. CPU 主频   D. CPU 型号

12. RAM 具有的特点是_____。

    A. 海量存储

    B. 存储在其中的信息可以永久保存

    C. 一旦断电，存储在其上的信息将全部消失且无法恢复

    D. 存储在其中的数据不能改写

13. 构成 CPU 的主要部件是_____。

    A. 内存储器和控制器   B. 内存储器、控制器和运算器

    C. 高速缓冲和运算器   D. 控制器和运算器

14. 目前使用的硬盘，在其读/写寻址过程中_____。

    A. 盘片静止，磁头沿圆周方向旋转

    B. 盘片旋转，磁头静止

    C. 盘片旋转，磁头沿盘片径向运动

    D. 盘片与磁头都静止不动

15. 微型计算机的字长是 4 个字节，这意味着_____。

    A. 能处理的最大数值为 4 位十进制数 9 999

    B. 能处理的字符串最多由 4 个字符组成

    C. 在 CPU 中作为一个整体加以传送处理的为 32 位二进制代码

    D. 在 CPU 中运算的最大结果为 2 的 32 次方

16. 下列度量单位中，用来度量 CPU 时钟主频的是_____。

    A. MB/s   B. MIPS   C. GHz   D. MB

17. 下列各存储器中，存取速度最快的一种是_____。

    A. RAM   B. 光盘   C. U 盘   D. 硬盘

18. 下列关于指令系统的描述，正确的是_____。

    A. 指令由操作码和控制码两部分组成

    B. 指令的地址码部分可能是操作数，也可能是操作数的内存单元地址

    C. 指令的地址码部分是不可缺少的

    D. 指令的操作码部分描述了完成指令所需要的操作数类型

19. 下列设备中，完全属于计算机输出设备的一组是_____。

    A. 喷墨打印机，显示器，键盘   B. 激光打印机，键盘，显示器

C. 键盘，鼠标，扫描仪　　　　　D. 打印机，绘图仪，显示器

20. 下面关于随机存取存储器（RAM）的叙述中，正确的是_____。

　　A. 存储在 SRAM 或 DRAM 中的数据在断电后将全部丢失且无法恢复

　　B. SRAM 的集成度比 DRAM 高

　　C. DRAM 的存取速度比 SRAM 快

　　D. DRAM 常用来做 Cache 用

21. 液晶显示器（LCD）的主要技术指标不包括_____。

　　A. 显示分辨率　　　　　　　　B. 显示速度

　　C. 亮度和对比度　　　　　　　D. 存储容量

22. 运算器（ALU）的功能是_____。

　　A. 只能进行逻辑运算　　　　　B. 对数据进行算术运算或逻辑运算

　　C. 只能进行算术运算　　　　　D. 做初等函数的计算

23. 在微型计算机中，VGA 属于_____。

　　A. 微型计算机型号　　　　　　B. 显示器型号

　　C. 显示标准　　　　　　　　　D. 打印机型号

24. 计算机主要技术指标通常是指_____。

　　A. 所配备的系统软件的版本

　　B. CPU 的时钟频率、运算速度、字长和存储容量

　　C. 显示器的分辨率、打印机的配置

　　D. 硬盘容量的大小

25. 下列描述中，正确的是_____。

　　A. 光盘驱动器属于主机，而光盘属于外设

　　B. 摄像头属于输入设备，而投影仪属于输出设备

　　C. U 盘既可以用作外存储器，也可以用作内存储器

　　D. 硬盘是辅助存储器，不属于外部设备

26. 在 CD 光盘上标记有 "CD-RW" 字样，此标记表明这光盘_____。

　　A. 只能写入一次，可以反复读出的一次性写入光盘

　　B. 可多次擦除型光盘

　　C. 只能读出，不能写入的只读光盘

　　D. RW 是 Read and Write 的缩写

27. 下列选项中，既可作为输入设备又可作为输出设备的是_____。

　　A. 扫描仪　　　　B. 绘图仪　　　　C. 鼠标　　　　D. 磁盘驱动器

第 3 章　计算机软件

本章学习任务

1. 熟悉计算机软件的概念及分类。
2. 掌握操作系统的概念、功能和分类。
3. 了解程序设计语言。

计算机系统由硬件（Hardware）系统和软件（Software）系统组成。硬件系统也称为裸机，裸机只能识别由 0 和 1 组成的机器代码，没有软件系统的计算机是无法工作的，它只是一台机器而已。实际上，用户所面对的是经过若干层软件"包装"的计算机，计算机的功能不仅取决于硬件系统，更大程度上是由所安装的软件系统决定的，硬件系统和软件系统互相依赖、不可分割。

3.1　了解计算机软件

3.1.1　计算机软件概念

软件系统是为运行、管理和维护计算机而编制的各种程序、数据和文档的总称。

程序是为解决某一特定问题而设计的指令序列。

数据指的是程序运行过程中需要处理的对象和必须使用的一些参数，如三角函数、英汉词典等。

文档是指与程序开发、维护及操作有关的一些资料，如设计报告、维护手册和使用指南等。

软件的含义比程序更宏观一些。手机中的微信、淘宝、联系人等都是软件。软件和程序本质上是相同的。因此，在不会发生混淆的场合下，软件和程序两个名称可经常互换使用，并不严格加以区分。

软件是智力活动的成果。作为知识作品，它与书籍、论文、电影一样受到知识产权法的保护。购买了一个软件之后，用户仅仅得到了该软件的使用权，并没有获得它的版权，因此随意进行软件拷贝和在网上分发都是违法行为。

3.1.2　计算机软件分类

计算机软件分为系统软件（System Software）和应用软件（Application Software）两大类（见图 3-1）。

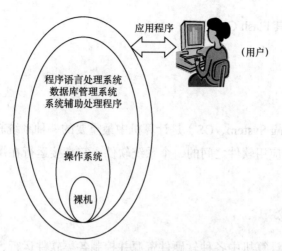

图 3-1 计算机的软件层次结构

1. 系统软件

系统软件是指控制和协调计算机及外部设备，支持应用软件开发和运行的软件。系统软件的主要功能是调度、监控和维护计算机系统，负责管理计算机系统中各独立硬件，使得它们协调工作。系统软件主要分为以下几类。

（1）操作系统。系统软件中最重要且最基本的是操作系统，常用的操作系统有 Windows、Linux、DOS、UNIX、Mac OS 等。

（2）程序语言处理系统。如汇编程序、编译程序和解释程序等组成。

（3）数据库管理系统（DBMS）。常用的数据库管理系统有 SQL Server、Oracle、Access、FoxPro 等。

（4）系统辅助处理程序。系统辅助处理程序主要是指一些为计算机系统提供服务的工具软件和支撑软件，如编辑程序、调试程序、系统诊断程序、磁盘整理工具程序、计算机监控管理程序、链接程序（LINK）、调试程序（DEBUG）、故障检查和诊断程序等，还有一些著名的工具软件，如 Norton Utility。

2. 应用软件

应用软件是为了某种特定的用途而开发的软件。由于计算机应用已经渗透到社会生活的各个方面，因此计算机的应用软件也是多种多样的，常用的应用软件如下。

（1）办公软件套件

常见的办公软件套件有微软公司的 Microsoft Office 和金山公司的 WPS 等。

（2）多媒体处理软件

多媒体处理软件主要包括图形处理软件、图像处理软件、动画制作软件、音频视频处理软件、桌面排版软件等。如 Illustrator、Photoshop、Flash 等。

（3）Internet 工具软件

常用的 Internet 工具软件有 Web 服务器软件、Web 浏览器、文件传送工具 FTP、远程访问工具 Telnet、下载工具 Flash Get 等。

3.2 操作系统

操作系统（Operating System，OS）是计算机中最重要的一种系统软件，是许多程序模块的集合，是介于硬件和应用软件之间的一个系统软件，它直接运行在裸机上，是对计算机硬件系统的第一次扩充。

3.2.1 操作系统概念

操作系统负责管理计算机中各种软硬件资源并控制各类软件运行，操作系统是人与计算机之间通信的桥梁，为用户提供了一个清晰、简洁、友好、易用的工作界面。用户通过使用操作系统提供的命令和交互功能实现对计算机的操作。

操作系统中的重要概念有进程和线程。

1. 进程

进程是操作系统中的一个核心概念。处理器的分配和执行都是以进程为基本单位的。进程与程序有关，但又与程序不同。

（1）进程是程序的执行，属于动态的概念；程序是一组指令的集合，属于静态的概念。

（2）一个程序被加载到内存，系统就创建了一个进程，当程序执行结束后，该进程也就消亡了。换句话说，进程的存在是暂时的，而程序的存在是永久的。

2. 线程

为了更好地实现并发处理和共享资源，提高 CPU 的利用率，目前许多操作系统把进程再"细分"成线程（Threads）。线程是进程的一个实体，是 CPU 调度和分派的基本单位，它是比进程更小的能独立运行的基本单位。线程基本不拥有系统资源，只拥有在运行中必不可少的资源（如程序计数器、一组寄存器和栈），但是它可与同属一个进程的其他的线程共享进程所拥有的全部资源。

一个线程可以创建和撤销另一个线程，同一个进程中的多个线程可以并发执行。

3.2.2 操作系统功能

操作系统的功能不仅体现在对系统资源进行管理上，而且体现在为用户提供的应用上。操作系统的功能有处理器管理、存储管理、文件管理、设备管理和作业管理等。

1. 处理器管理

处理器管理就是指 CPU 管理，让 CPU 能有条不紊地工作。

2. 存储管理

存储管理主要是指对内存的管理，将有限的内存空间合理地分配，以满足多任务运行的需求。

3. 文件管理

文件管理又称为文件系统，计算机中的各种程序和数据均为计算机的软件资源，它们都以文件的形式存储在外存中。文件管理主要是指对软件的管理，方便用户对文件进行存取和检索等。

4. 设备管理

设备管理是指对各种各样外部设备的管理，方便用户使用输入/输出（I/O）设备，主要包括对 I/O 设备的分配、启动、完成和回收。

5. 作业管理

作业是用户交给计算机执行的具有独立功能的任务。作业管理的任务主要是为用户提供一个使用计算机的界面使其方便地运行自己的作业，并对所有进入系统的作业进行调度和控制，尽可能高效地利用整个系统的资源。

3.2.3 操作系统种类

操作系统的种类繁多，通常操作系统有以下六类。

1. 单用户操作系统

单用户操作系统的主要特征是计算机系统内一次只能支持运行一个用户程序。微型计算机的 DOS、Windows 操作系统属于这类系统。

2. 批处理操作系统

批处理操作系统是 20 世纪 70 年代运行于大、中型计算机上的操作系统，当时由于单用户单任务操作系统的 CPU 使用效率低，I/O 设备资源未被充分利用，因此产生了多道批处理操作系统。多道是指多个程序或多个作业同时存在和运行，故也称为多任务操作系统。IBM 的 DOS/VSE 就是这类系统。

3. 分时操作系统

分时操作系统是多用户多任务操作系统，它将 CPU 时间资源划分成极短的时间片，轮流分给每个终端用户使用，当一个用户的时间片用完后，CPU 就转给另一个用户，前一个用户只能等待下一次轮到。由于人的思考、反应和输入的速度通常比 CPU 的速度慢得多，因此只要同时上机的用户不超过一定数量，就不会有延迟的感觉。

4. 实时操作系统

在某些应用领域，要求计算机对数据能进行迅速处理，例如，在自动驾驶仪控制下飞行的飞机、导弹的自动控制系统中，计算机必须对测量系统测得的数据进行及时、快速的处理和反应，以便达到控制的目的，否则就会失去战机。日常生活中有用于钢铁、炼油、化工生产过程控制、武器制导等各个领域中的实时控制系统，还有广泛用于自动订购飞机票和火车票系统、情报检索系统、银行业务系统和超级市场销售系统中的实时数据处理系统。

5. 网络操作系统

通过网络，用户可以突破地理条件的限制，方便地使用远地的计算机资源。提供网络通信和网络资源共享功能的操作系统称为网络操作系统。

6. 嵌入式操作系统

嵌入式操作系统是一种用途广泛的系统软件，它以应用为中心，以计算机技术为基础，软件硬件可裁剪，适应应用系统对功能、可靠性、成本、体积、功耗要求严格的专用计算机系统。目前在嵌入式领域广泛使用的操作系统有嵌入式 Linux、Windows Embedded 等，以及应用在智能手机和平板电脑的 Android、iOS 等。

3.3 程序设计语言

语言是用于通信交流的，人们日常使用的自然语言用于人与人的通信，而程序设计语言是用于人与计算机之间的通信。程序设计语言是一种既可以使人能准确地描述解题的算法，又可以让计算机很容易理解和执行的语言。下面介绍程序设计语言的基本知识。

程序设计语言按其级别可以划分为机器语言、汇编语言和高级语言三大类。

1. 机器语言

机器语言是直接用二进制代码指令表达的机器语言。机器语言是唯一能被计算机硬件系统理解和执行的语言，因此它的处理效率最高，执行速度最快，且无须"翻译"。但机器语言的编写、调试、修改、移植和维护都非常烦琐，程序员要记忆几百条二进制指令，这限制了计算机软件的发展。

2. 汇编语言

汇编语言用助记符来代替机器指令中的操作码，如 ADD 表示加法、SUB 表示减法、MOV 表示传送数据，操作码也可使用人们习惯的十进制数，这就比使用二进制数表示的机器语言容易理解一些。但汇编语言编写的程序虽然可以提高一点效率，却仍然不够直观简便（见图 3-2）。

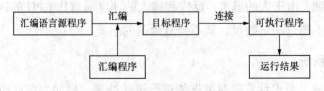

图 3-2 源程序的汇编运行过程

3. 高级语言

高级语言是最接近人类自然语言和数学公式的程序设计语言，它基本脱离了硬件系统，如采用"+""−""×""/"分别表示加、减、乘、除。目前常用的高级语言有 FORTRAN（数值计算、面向过程的）、C++（面向对象的）、C 语言、Java（面向对象、用于网络环境编程的）、Visual Basic（图形用户编程）、PHP 和 ASP（网页开发）、SQL（数据库开发）、LISP 和 Prolog 语言（用于人工智能领域）、Ada 语言（在飞行器控制之类的软件中使用）等。

高级语言编写的源程序在计算机中是不能直接执行的，必须翻译成机器语言程序。通常有两种翻译方式：编译方式和解释方式。

编译方式是将高级语言源程序整个编译成目标程序，然后通过链接程序将目标程序链接成可执行程序的方式。将高级语言源程序翻译成目标程序的软件称为编译程序，这种翻译过程称为编译（见图 3-3）。

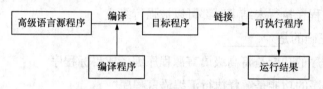

图 3-3　源程序的编译运行过程

解释方式是将源程序逐句翻译、逐句执行的方式，解释过程不产生目标程序，基本上是翻译一行执行一行，边翻译边执行。如果在解释过程中发现错误，就给出错误信息，并停止解释和执行；如果没有错误，就解释执行到最后。源程序的解释运行过程如图 3-4 所示。

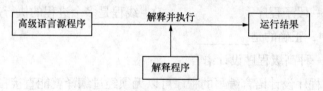

图 3-4　源程序的解释运行过程

无论是编译程序还是解释程序，其作用都是将高级语言编写的源程序翻译成计算机可以识别和执行的机器指令。它们的区别在于：编译方式是将源程序经编译、链接得到可执行程序文件后，就可脱离源程序和编译程序而单独执行，所以编译方式的效率高，执行速度快；而解释方式在执行时，源程序和解释程序必须同时参与才能运行，由于不产生目标文件和可执行程序文件，因此解释方式的效率相对较低，执行速度慢。

本章小结

本章主要介绍计算机软件分为系统软件和应用软件，操作系统是系统软件中最基本、最重要、最核心的软件，最后介绍了操作系统的种类及程序设计语言的基础知识。

课后习题

1. 为解决某一特定问题而设计的指令序列称为_____。
   A. 文件　　　　　　B. 语言　　　　　　C. 程序　　　　　　D. 软件

2. 按操作系统的分类，UNIX 操作系统是_____。
   A. 批处理操作系统　　　　　　　　　B. 实时操作系统
   C. 分时操作系统　　　　　　　　　　D. 单用户操作系统

3. 下列说法正确的是_____。
   A. 一个进程会伴随着其程序执行的结束而消亡
   B. 一段程序会伴随着其进程结束而消亡
   C. 任何进程在执行未结束时不允许被强行终止
   D. 任何进程在执行未结束时都可以被强行终止

4. 下列说法正确的是_____。
   A. 编译程序的功能是将高级语言源程序编译成目标程序
   B. 解释程序的功能是解释执行汇编语言程序
   C. Intel 8086 指令不能在 Intel P4 上执行
   D. C++语言和 Basic 语言都是高级语言，因此它们的执行效率相同

5. 下列说法正确的是_____。
   A. 进程是一段程序　　　　　　　　B. 进程是一段程序的执行过程
   C. 线程是一段子程序　　　　　　　D. 线程是多个进程的执行过程

6. 下列叙述中，正确的是_____。
   A. C++是一种高级程序设计语言
   B. 用 C++程序设计语言编写的程序可以无须经过编译就能直接在机器上运行
   C. 汇编语言是一种低级程序设计语言，且执行效率很低
   D. 机器语言和汇编语言是同一种语言的不同名称

7. 以下语言本身不能作为网页开发语言的是_____。
   A. C++　　　　　　B. ASP　　　　　　C. JSP　　　　　　D. HTML

8. 编译程序属于_____。
   A. 系统软件　　　B. 应用软件　　　C. 操作系统　　　D. 数据库管理软件

9. 操作系统对磁盘进行读写操作的物理单位是_____。
   A. 磁道　　　　　　B. 字节　　　　　　C. 扇区　　　　　　D. 文件

10. 操作系统将 CPU 的时间资源划分成极短的时间片，轮流分配给各终端用户，使终端用户单独分享 CPU 的时间片，有独占计算机的感觉，这种操作系统称为_____。
   A. 实时操作系统　　　　　　　　　B. 批处理操作系统

C. 分时操作系统　　　　　　　　D. 布式操作系统

11. 高级程序设计语言的特点是_____。

　　A. 高级语言数据结构丰富　　　　B. 高级语言与具体的机器结构密切相关

　　C. 高级语言接近算法语言不易掌握　D. 用高级语言编写的程序计算机可立即执行

12. 汇编语言是一种_____。

　　A. 依赖于计算机的低级程序设计语言

　　B. 计算机能直接执行的程序设计语言

　　C. 独立于计算机的高级程序设计语言

　　D. 执行效率低的程序设计语言

13. 计算机操作系统通常具有的五大功能是_____。

　　A. CPU 管理、显示器管理、键盘管理、打印机管理、鼠标管理

　　B. 硬盘管理、U 盘管理、CPU 管理、显示器管理、键盘管理

　　C. 处理器（CPU）管理、存储管理、文件管理、设备管理、作业管理

　　D. 启动、打印、显示、文件存取、关机

14. 下列各组软件中，全部属于应用软件的是_____。

　　A. 视频播放系统、操作系统

　　B. 军事指挥程序、数据库管理系统

　　C. 导弹飞行控制系统、军事信息系统

　　D. 航天信息系统、语言处理程序

15. 下列说法错误的是_____。

　　A. 计算机可以直接执行机器语言编写的程序

　　B. 光盘是一种存储介质

　　C. 操作系统是应用软件

　　D. 计算机速度用 MIPS 表示

16. 以下名称是手机中常用软件，属于系统软件的是_____。

　　A. 手机 QQ　　　B. Android　　　　C. Skype　　　　D. 微信

17. 在各类程序设计中，相比较而言，执行效率最高的是_____。

　　A. 高级语言编写的程序　　　　　B. 汇编语言编写的程序

　　C. 机器语言编写的程序　　　　　D. 面向对象的语言编写的程序

18. 有关计算机软件，下列说法错误的是_____。

　　A. 操作系统的种类繁多，按照其功能和特性可分为批处理操作系统、分时操作系统和实时操作系统等；按照同时管理用户数的多少分为单用户操作系统和多用户操作系统

　　B. 操作系统提供了一个软件运行的环境，是最重要的系统

　　C. Microsoft Office 软件是 Windows 环境下的办公软件，但它并不能用于其他操作系统环境

D. 操作系统的功能主要是管理，即管理计算机的所有软件资源，硬件资源不归操作
系统管理

19. 在所列出的①字处理软件、②Linux、③UNIX、④学籍管理系统、⑤Windows 10、
⑥Office 2016 这六个软件中，属于系统软件的有_____。

    A. ①④⑥   B. ②③⑤   C. ①②③⑤   D. 全部都不是

20. 下列软件中，属于系统软件的是_____。

    A. C++编译程序   B. Excel 2016

    C. 学籍管理系统   D. 财务管理系统

21. 面向对象的程序设计语言是一种_____。

    A. 依赖于计算机的低级程序设计语言   B. 计算机能直接执行的程序设计语言

    C. 可以执行较好的高级程序设计语言   D. 执行效率较高的程序设计语言

22. MS-DOS 是一种_____。

    A. 单用户单任务系统   B. 单用户多任务系统

    C. 多用户单任务系统   D. 以上都不是

23. 下列属于计算机程序设计语言的是_____。

    A. ACDSee   B. Visual Basic   C. Wave Edit   D. WinZip

24. 程序设计语言通常分为_____。

    A. 4 类   B. 2 类   C. 3 类   D. 5 类

25. 操作系统的功能是_____。

    A. 将源程序编译成目标程序

    B. 负责诊断机器的故障

    C. 控制和管理计算机系统的各种硬件和软件资源的使用

    D. 负责外设与主机之间的信息交换

第 4 章　多媒体技术

本章学习任务

1. 掌握西文字符编码方法。
2. 掌握几种汉字字符编码的方法。
3. 掌握数字声音的处理方法。
4. 了解图像的处理方法。

多媒体技术集声音、图像、文字于一体，是电视录像、光盘存储、电子印刷和计算机通信技术的合成，把人类引入更加直观、更加自然、更加广阔的信息领域。

多媒体技术具有交互性、集成性、多样性、实时性等特征，这也是它区别于传统计算机系统的显著特征。

4.1　字符的编码

组成文字的基本元素是字符。字符无处不在，文件名、网址、微信号等都是由字符组成的。与数值信息一样，为便于在不同的系统之间进行交换，字符必须采用标准的二进制编码表示。对西文与中文字符，由于形式的不同，因此使用的编码不同。

4.1.1　西文字符的编码

对于西文字符，计算机中最常用的编码是美国信息交换标准码（American Standard Code for Information Interchange，ASCII）。它被国际标准化组织指定为国际标准。ASCII 有 7 位码和 8 位码两种版本。国际通用的是 7 位 ASCII 码，用 7 位二进制数表示一个字符的编码，共有 $2^7=128$ 个不同的编码值，相应可以表示 128 个不同字符的编码，计算机内部用一个字节（8 个二进制位）存放一个 7 位 ASCII 码，最高位置为 0，可用作数据传输时的奇偶校验。

ASCII 字符集及其编码见表 4-1，表中的 ASCII 码采用二进制表示。

表 4-1　ASCII 字符集及其编码

低 4 位	高 3 位 $b_6b_5b_4$							
$b_3b_2b_1b_0$	000	001	010	011	100	101	110	111
0000	NUL	DLE	SP	0	@	P	`	p
0001	SOH	DC1	!	1	A	Q	a	q
0010	STX	DC2	"	2	B	R	b	r
0011	ETX	DC3	#	3	C	S	c	s
0100	EOT	DC4	$	4	D	T	d	t
0101	ENQ	NAK	%	5	E	U	e	u
0110	ACK	SYN	&	6	F	V	f	v
0111	BEL	ETB	'	7	G	W	g	w
1000	BS	CAN	(	8	H	X	h	x
1001	HT	EM	)	9	I	Y	i	y
1010	LF	SUB	*	:	J	Z	j	z
1011	VT	ESC	+	;	K	[	k	{
1100	FF	FS	,	<	L	\	l		
1101	CR	GS	-	=	M	]	m	}
1110	SO	RS	.	>	N	^	n	~
1111	SI	US	/	?	O	_	o	DEL

在这些字符中，ASCII 值从小到大的排列有控制字符（如空格）、数字（0～9）、大写字母（A～Z）、小写字母（a～z），且小写字母比大写字母的码值大 32（十进制表示），这有利于大小写字母之间的编码转换。有些特殊的字符编码是容易记忆的，例如：

（1）"a"字符的编码二进制为 1100001，对应的十六进制数为 61H，对应的十进制数为 97，则"b"的编码值是 98；

（2）"A"字符的编码二进制为 1000001，对应的十六进制数为 41H，对应的十进制数为 65，则"B"的编码值是 66；

（3）"0"数字字符的编码二进制为 0110000，对应的十六进制数为 30H，对应的十进制数为 48，则"1"的编码值是 49。

4.1.2　汉字的编码

中文文本的基本组成单位是汉字。我国汉字的总数超过 6 万字，数量大、字形复杂、同音字多、异体字多，因此汉字在计算机内部的表示、处理、传输与交换以及汉字的输入、输出等都比西文复杂。

1. 国标码（简称 GB 码）和区位码

为了适应计算机处理汉字信息的需要，我国颁发了国家标准《信息交换用汉字编码字符集基本集》(GB 2312—1980)。该标准选出 6 763 个常用汉字(简体字,无繁体字)和 682 个非汉字图形字符,且为每个字符规定了标准代码,以便在不同计算机系统之间进行中文文本的交换。

为避开 ASCII 码表中的控制码,GB 2312—1980 中的 6 763 个汉字被分为 94 行、94 列,代码表分别为 94 个区(行)和 94 个位(列)。由区号(行号)和位号(列号)构成的码叫作区位码,它最多可以表示 94×94=8 836 个汉字。区位码由 4 位十进制数字组成,前两位为区号,后两位为位号,区位码 0101~0994 是各种数字符号,1601~8784 是汉字。例如,汉字"中"的区位码为 5448,即它位于第 54 行、第 48 列。

区位码是一个 4 位十进制数,国标码是一个 4 位十六进制数。为了与 ASCII 码兼容,汉字输入区位码与国标码之间需要有个简单的转换关系。具体方法如下。

(1)区位码中区号和位号分别先转换成十六进制数。

(2)区位码的十六进制表示 + 2020$_H$ = 国标码。

以汉字"大"为例,"大"字的区位码为 2083$_D$,则其区号为 20,位号为 83。将区位码 2083$_D$ 转换为十六进制表示为 1453$_H$,1453$_H$ + 2020$_H$ = 3473$_H$,得到国标码为 3473$_H$。其二进制表示为(00010100 01010011)$_B$+(00100000 00100000)$_B$=(00110100 01110011)$_B$。

2. UCS 码(通用多八位编码字符集)

UCS 码是国际标准化组织(ISO)为各种字符制定的编码标准,每个字符用 4 个字节(组号、平面号、行号和字位号)唯一地表示。UCS 有两种格式:UCS-2 和 UCS-4。从名字上就能看出来,UCS-2 编码就是占用 2 个字节的编码长度,UCS-4 就是占用 4 个字节的编码长度。

3. Unicode 编码

Unicode 编码是另一个国际编码标准,为每种语言中的每个字符设定了唯一的二进制编码,便于统一地表示世界上的主要文字,以满足跨语言、跨平台进行文本转换和处理的要求,可容纳 65 536 个字符编码,主要用来解决多语言的计算问题,适用于当前所有已知的编码。目前,Unicode 编码在网络、Windows 系统和很多大型软件中都得到了应用。

4.1.3 汉字的处理过程

计算机内部只能识别二进制数,任何信息(包括字符、汉字、声音、图像等)在计算机中都必须以二进制形式存放。那么,汉字究竟是怎么被输入到计算机中,在计算机中又是怎样存储,又经过何种转换才能在显示器上显示或在打印机上打印出汉字的呢?

从汉字编码的角度看,计算机对汉字信息的处理过程实际上是各种汉字编码间的转换过程。这些编码主要包括汉字输入码、汉字内码、汉字地址码、汉字字形码等。这一系列的汉字编码及转换、汉字信息处理中的各编码及流程如图 4-1 所示。

图 4-1　汉字信息处理系统的模型

从图 4-1 中可以看到，通过键盘对每个汉字输入规定的代码，即汉字的输入码（例如拼音输入码），无论哪一种汉字输入法，计算机都将每个汉字的汉字输入码转换为相应的国标码，然后转为机内码，就可以在计算机内存储和处理了。输出汉字时，先将汉字的机内码通过简单的对应关系转换为相应的汉字地址码，然后通过汉字地址码对汉字库进行访问，从汉字库中提取汉字的字形码，最后根据字形数据显示和打印出汉字。

1. 汉字输入码

汉字输入码是将汉字输入计算机而编制的代码，所以也称为外码。它是利用计算机键盘上按键的不同组合对汉字输入进行编码的。目前汉字输入编码法的开发研究种类繁多，常用的输入法有音码、形码、语音输入、手写输入或扫描输入等。可见，对于同一个汉字，不同输入法有不同的输入码，那么这种不同的输入码需要通过输入字典转换统一到标准的国标码。实际上，区位码也是一种输入法，其最大的优点是一字一码的无重码输入，最大的缺点是代码难以记忆。

2. 汉字机内码

汉字国标码已在 4.1.2 节中介绍过了，而汉字机内码指在计算机内部对汉字进行存储、处理的汉字编码，应满足汉字的存储、处理和传输的要求。一个汉字输入计算机后，要先转换为内码，才能在机器内传输、处理。汉字机内码的形式多种多样，目前在国标码中，一个汉字的内码用 2 个字节存储，并把每个字节的最高二进制位置 "1" 作为汉字内码的标识，以免与单字节 ASCII 码（最高位为 0）产生歧义。如果用十六进制来表述，就是把汉字国标码的每个字节上加一个 80_H（即二进制数 10000000）。因此，汉字的国标码与其机内码存在下列关系：

$$汉字的机内码=汉字的国标码+（8080）_H$$

例如，前文已知 "大" 字的国标码为（3473）$_H$，则依据上述关系式得：

"大" 字的机内码= "大" 字的国标码（3473）$_H$+（8080）$_H$=（B4F3）$_H$

二进制表示为：

（00110100 01110011）$_B$+（10000000 10000000）$_B$=（10110100 11110011）$_B$

3. 汉字地址码

汉字地址码是指汉字库中存储汉字字形信息的逻辑地址码。需要向输出设备输出汉字时，必须通过汉字地址码对汉字库进行访问。

4. 汉字字形码

汉字字形码又称为汉字字模，用二进制 0、1 表示汉字的字形，在显示屏或打印机中输出。

汉字字形码通常有两种表示方式：点阵表示方式和矢量表示方式。

用点阵表示字形时，汉字字形码指的就是这个汉字字形点阵的代码。根据输出汉字的要求不同，点阵的多少也不同，简易型汉字为 16×16 点阵，普通型汉字为 24×24 点阵，提高型汉字为 32×32 点阵、48×48 点阵等。对于汉字 32×32 点阵，在计算机中，8 位二进制位组成一个字节，32×32 点阵的字形码需要 32×32/8=128 字节的存储空间。因此，点阵规模越大，字形越清晰美观，所占存储空间也越大。点阵表示方式的缺点是字形放大后产生的效果差。

矢量表示方式存储的是描述汉字字形的轮廓特征。当要输出汉字时，通过计算机的计算，由汉字字形描述生成所需大小和形状的汉字点阵。矢量化字形描述与最终文字显示的大小、分辨率无关，因此可产生高质量的汉字输出。Windows 中使用的 TrueType 技术就是汉字的矢量表示方式，它解决了汉字点阵字形放大后出现锯齿现象的问题。

4.2　数字声音的处理

声音是传递信息的一种重要媒体。在信息技术中，人耳能听到的声音称为音频信号，简称音频。计算机处理、存储和传输音频的前提是必须将音频信号数字化。

4.2.1　音频声音数字化获取

声音信号是在时间和幅度上都连续的模拟信号，而计算机只能存储和处理离散的数字信号。将数字信号数字化主要包括采样、量化、编码三个基本过程，如图 4-2 所示。

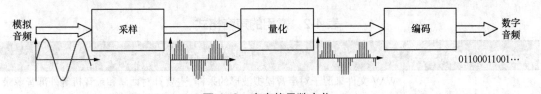

图 4-2　声音信号数字化

（1）采样是为了实现 A/D（模拟/数字）转换，每隔一定的时间获取声音信号的幅度值，并记录下来的过程。

以固定的时间间隔对模拟波形的幅度值进行抽取，把时间上连续的信号变成时间上离散的信号，该时间间隔称为采样周期，其倒数称为采样频率。显而易见，获取幅度值的时间间隔越短，记录的信息就越精确。

根据奈奎斯特采样定理，当采样频率大于或等于声音信号最高频率的两倍时，就可以将采集到的样本还原成原声音信号。因此，语音的采样频率一般为 8～16 kHz，全频带音频（如交响乐）的采样频率应在 4 016 kHz 以上。

（2）量化是将获取到的样本幅度值用数字来表示的过程。

　　量化位数越大，采集到的样本精度就越高，声音的质量就越高。但量化位数越多，需要的存储空间也就越多。

　　（3）编码是将量化的结果用二进制数的形式表示的过程。

4.2.2　音频声音的数据量

　　记录声音时，每次只产生一组声波数据，称单声道；每次产生两组声波数据，称双声道。双声道具有空间立体效果，但所占空间比单声道多一倍。

　　波形声音的主要参数包括采样频率、量化位数、声道数目、使用的压缩编码方法。这些参数决定了波形声音的数码率（每秒的数据量，单位为 bit/s），数字声音未压缩前，其计算公式为

$$波形声音的数码率=采样频率×量化精度×声道数$$

　　例如，以采样频率 16 kHz、量化精度 16 位、双声道录制数字声音，则没有压缩时的数码率为 16 000×16×2=512 000 bit/s。

　　也可用下式计算：

$$音频数据量（B）=采样时间（s）×采样频率（Hz）×量化位数（bit）×声道数/8$$

　　例如，计算 3 min 双声道、16 位量化位数、44.1 kHz 采样频率声音的不压缩的数据量为

$$音频数据量=3×60×44\ 100×16×2/8=31\ 752\ 000\ B≈30.28\ MB$$

4.2.3　音频声音常用的文件格式

　　在多媒体系统中，语音和音乐是必不可少的。存储声音信息的文件格式有多种，包括 WAV、MIDI、MP3、RM、Audio 和 VOC 文件等，常用的声音格式见表 4-2。

表 4-2　常用的声音格式

文件格式	文件扩展名	相关说明
WAV	.wav	WAV 文件来源于对声音模拟波形的采样，主要针对话筒和录音机等外部音源录制，经声卡转换成数字化信息，播放时再还原成模拟信号由扬声器输出。这种波形文件是最早的数字音频格式。WAV 文件支持多种采样的频率和样本精度的声音数据，并支持声音数据文件的压缩，文件通常较大，主要用于存储简短的声音片断
MIDI	.mid/.rmi	乐器数字接口（Musical Instrument Digital Interface, MIDI）是乐器和电子设备之间进行声音信息交换的一组标准规范。MIDI 文件并不像 WAV 文件那样记录实际的声音信息，而是记录一系列的指令，即记录的是关于乐曲演奏的内容，可通过 FM 合成法和波表合成法来生成。MIDI 文件比 WAV 文件存储的空间要小得多，且易于编辑节奏和音符等音乐元素，但整体效果不如 WAV 文件，且过于依赖 MIDI 硬件质量
MP3	.mp3	MP3 采用 MPEG Layer3 标准对音频文件进行有损压缩，压缩比高，音质接近 CD 唱盘，制作简单，且便于交换，适用于网上传播，是目前使用较多的一种格式

文件格式	文件扩展名	相关说明
RM	.rm	RM 采用音频视频流和同步回放技术来实现在互联网上提供优质的多媒体信息，其特点是可随着网络带宽的不同而改变声音的质量
Audio	.au	Audio 是一种经过压缩的数字声音文件格式，主要在网上使用
VOC	.voc	VOC 是一种波形音频文件格式，也是声卡使用的音频文件格式

4.3 多媒体图像的处理

图像一般是指自然界中的客观景物通过某种系统的映射，使人们产生的视觉感受，如照片、图片和印刷品等。在自然界中，景和物有两种形态，即静和动。静止的图像称为静态图像，活动的图像称为动态图像。

4.3.1 静态图像的数字化

1. 数字图像的获取

一幅图像可以近似地看成是由许许多多的点组成的，组成一幅图像的每个点称为一个像素，因此图像的数字化通过扫描、分色、采样和量化就可以得到。

图像的扫描是图像被划分成若干个网格，每个网格就是一个取样点。分色是将彩色图像取样点的颜色分成三个基色（如红、绿、蓝三基色），如果是灰度图像或黑白图像则不必分色。图像的采样就是采集组成一幅图像的点，测量每个取样点的每个基色的亮度值。量化就是将采集到的信息转换成相应的值。

2. 图像的主要参数

在计算机中存储的每一幅数字图片，除了所有像素数据之外，还必须给出如下一些基本描述信息。

（1）图像大小，也称为图像分辨率，由水平分辨率×垂直分辨率构成。

（2）颜色空间的类型，指彩色图像所使用的颜色描述方法，也称为颜色模型，常用的颜色模型有灰度（Grayscale）、RGB 模型、HSB 模型、CMYK 模型等。

（3）像素深度，也称为颜色深度，即像素的所有颜色分量的二进制数之和，它决定了不同颜色（亮度）的最大数目，如 3 位二进制数可以表示 8（即 2^3）种不同的颜色，因此 8 色图的颜色深度是 3，真彩色图的颜色深度是 24，可以表示 16 777 412（即 2^{24}）种颜色。

3. 图像的存储容量

一幅图像在计算机中的数据量到底有多大呢？一般可用下面的公式进行计算（以字节为单位）：

$$图像数据量=图像水平分辨率×图像垂直分辨率×像素深度/8$$

例如，一幅分辨率为 1 024×768、24 位真彩色的数字图像，它的数据量为

$$1\ 024×768×24/8=2\ 359\ 296\ B=2.25\ MB$$

可以看出，未压缩的图像其数据量往往非常庞大。为了存储、处理和传输多媒体信息，人们考虑采用压缩的方法来减少数据量，通常是将原始数据压缩后存放在磁盘上或是以压缩形式来传输，仅当用到它时才把数据解压缩后还原，以此来满足实际的需要。数据压缩可以有两种类型：无损压缩和有损压缩。

4. 图像的常用文件格式

常见的静态图像文件格式包括 BMP、GIF、TIFF、JPEG、PNG、WMF，见表 4-3。

表 4-3　常见的静态图像文件格式

文件格式	文件扩展名	相关说明
BMP	.bmp	BMP（Bitmap 的简称）是 Windows 操作系统中的标准图像文件格式，它采用位映射存储格式，除了图像深度可选以外，不采用其他任何压缩，因此，BMP 文件占用的空间很大
GIF	.gif	GIF 的原义是"图像互换格式"。GIF 图像文件的数据是经过压缩的，而且采用了可变长度等压缩算法。在一个 GIF 文件中可以存储多幅彩色图像，如果把存储于一个文件中的多幅图像数据逐幅读出并显示到屏幕上，就可构成一个最简单的动画。GIF 文件主要用于保存网页中需要高传输速率的图像文件
TIFF	.tiff	标签图像文件格式（Tag Image File Format, TIFF）是一种灵活的位图格式，主要用来存储包括照片和艺术图在内的图像，它是一种当前流行的高位彩色图像格式
JPEG	.jpg/.jpeg	通常所说的 JPEG 格式是一个国际图像压缩标准，它能够在提供良好的压缩性能的同时，提供较好的重建质量，被广泛应用于图像、视频处理领域。".jpeg"和".jpg"等格式指的是图像数据经压缩后形成的文件，主要用于网上传输
PNG	.png	PNG 即可移植网络图形格式，它是一种最新的网络图像文件存储格式，其设计目的是试图替代 GIF 和 TIFF 文件格式，一般应用于 Java 程序和网页中
WMF	.wmf	WMF 是 Windows 中常见的一种图元文件格式，属于矢量文件格式，具有文件小、图案造型化的特点，其图形往往较粗糙

4.3.2　动态图像的数字化

动态图像又可分为视频和动画。通常将通过摄像机拍摄得到的动态图像称为视频，而将用计算机或绘画的方法生成的动态图像称为动画。视频文件一般比其他媒体文件要大一些，常见的视频文件格式有 AVI、MOV、MPEG、ASF、WMV，见表 4-4。

表 4-4 常见的视频文件格式

文件格式	文件扩展名	相关说明
AVI	.avi	AVI 是由微软公司开发的一种数字视频文件格式，允许视频和音频同步播放，但由于 AVI 文件没有限定压缩标准，因此不同压缩标准生成的 AVI 文件，必须使用相应的解压缩算法才能播放
MOV	.mov	MOV 即 QuickTime 影片格式，它是 Apple 公司开发的一种音频、视频文件格式，具有跨平台和存储空间小等特点，已成为目前数字媒体软件技术领域的工业标准
MPEG	.mpeg	MPEG 是运动图像压缩算法的国际标准，它能在保证影像质量的基础上，采用有损压缩算法减少运动图像中的冗余信息，压缩效率较高、质量好，包括 MPEG-1、MPEG-2 和 MPEG-4 等在内的多种视频格式
ASF	.asf	ASF 是微软公司开发的一种可直接在网上观看视频节目的视频文件压缩格式，其主要优点包括本地或网络回放、可扩充的媒体类型、部件下载和具有扩展性等
WMV	.wmv	WMV 格式是微软公司针对 Quick Time 之类的技术标准开发的一种视频文件格式，可使用 Windows Media Player 播放，是目前比较常见的视频格式

本章小结

本章主要介绍了西文字符编码和汉字字符编码的几种方式，然后介绍了数字音频和图像的基本概念以及它们的常用文件格式。

课后习题

1. 若已知一个汉字的国标码是 5E38H，则其内码是_____。
   A. DEB8H   B. DE38H   C. 5EB8H   D. 7E58H

2. ASCⅡ码分为_____两种。
   A. 高位码和低位码   B. 专用码和通用码
   C. 7 位码和 8 位码   D. 以上都不是

3. 7 位 ASCⅡ码共有_____个不同的编码值。
   A. 126   B. 124   C. 127   D. 128

4. 存储 400 个 24×24 点阵汉字字形所需的存储容量是_____。
   A. 255 KB   B. 75 KB   C. 37.5 KB   D. 28. 125 KB

5. 微型计算机中，普遍使用的字符编码是_____。
   A. 补码   B. 原码   C. ASCⅡ码   D. 汉字编码

6. 下列 4 条叙述中，正确的一条是_____。
   A. 二进制正数原码的补码就是原码本身

    B．所有十进制小数都能准确地转换为有限位的二进制小数

    C．存储器中存储的信息即使断电也不会丢失

    D．汉字的机内码就是汉字的输入码

7．下列叙述中，正确的是_____。

    A．一个字符的标准 ASCⅡ码占一个字节的存储量，其最高位二进制数总为 0

    B．大写英文字母的 ASCⅡ码值大于小写字母的 ASCⅡ码值

    C．同一个英文字母（如字母 A）的 ASCⅡ码和它在汉字系统下的全角内码是相同的

    D．标准 ASCⅡ码表的每一个 ASCⅡ码都能在屏幕上显示成一个相应的字符

8．某 800 万像素的数码相机，拍摄照片的最高分辨率大约是_____。

    A．3 200×2 400   B．2 048×1 600   C．1 600×1 200   D．1 024×768

9．对声音波形采样时，采样频率越高，声音文件的数据量_____。

    A．越小   B．越大   C．不变   D．无法确定

10．对一个图形来说，通常用位图格式存储与用矢量格式存储所占用的空间相比_____。

    A．更小   B．更大   C．相同   D．无法确定

11．汉字国标码（GB 2312—1980）把汉字分成_____。

    A．简化字和繁体字两个等级

    B．一级汉字、二级汉字和三级汉字三个等级

    C．一级常用汉字、二级次常用汉字两个等级

    D．常用字、次常用字、罕见字三个等级

12．目前有许多不同的音频文件格式，下列不是数字音频文件格式的是_____。

    A．WAV   B．GIF   C．MP3   D．MID

13．区位码输入法的最大优点是_____。

    A．只用数码输入，方法简单、容易记忆

    B．易记、易用

    C．一字一码，无重码

    D．编码有规律，不易忘记

14．若对音频信号以 10 kHz 采样频率、16 位量化精度进行数字化，则每分钟的双声道数字化声音信号产生的数据量约为_____。

    A．1.2 MB   B．1.6 MB   C．2.4 MB   D．4.8 MB

15．下列 4 个 4 位十进制数中，属于正确的汉字区位码的是_____。

    A．5601   B．9596   C．9678   D．8799

16．下列描述中不正确的是_____。

    A．多媒体技术最主要的两个特点是集成性和交互性

    B．所有计算机的字长都是固定不变的，都是 8 位

C. 计算机的存储容量是计算机的性能指标之一

D. 各种高级语言的编译系统都属于系统软件

17. 实现音频信号数字化最核心的硬件电路是_____。

A. A/D 转换器　　B. D/A 转换器　　C. 数字编码器　　D. 数字解码器

18. 下面不是汉字输入码的是_____。

A. 五笔字型码　　B. 全拼编码　　　C. 双拼编码　　　D. ASCⅡ码

19. 一般来说，数字化声音的质量越高，则要求_____。

A. 量化位数越少，采样频率越低　　B. 量化位数越多，采样频率越高

C. 量化位数越少，采样频率越高　　D. 量化位数越多，采样频率越低

20. 一个汉字的内码长度为 2 个字节，其每个字节的最高二进制位的值依次是_____。

A. 0,0　　　　　B. 0,1　　　　　C. 1,0　　　　　D. 1,1

21. 在 ASCⅡ码表中，根据码值由小到大的排列顺序是_____。

A. 空格字符、数字符、大写英文字母、小写英文字母

B. 数字符、空格字符、大写英文字母、小写英文字母

C. 空格字符、数字符、小写英文字母、大写英文字母

D. 数字符、大写英文字母、小写英文字母、空格字符

22. 在标准 ASCⅡ码表中，已知英文字母 K 的十六进制码值是 4B，则二进制 ASCⅡ码
1001000 对应的字符是_____。

A. G　　　　　　B. H　　　　　　C. I　　　　　　D. J

23. 在标准 ASCⅡ码表中，英文字母 a 和 A 的码值之差的十进制值是_____。

A. 20　　　　　B. 32　　　　　C. −20　　　　　D. −32

24. 下列关于 ASCⅡ编码的叙述中，正确的是_____。

A. 一个字符的标准 ASCⅡ码占一个字节，其最高位二进制位总为 1

B. 所有大写英文字母的 ASCⅡ码值都小于小写英文字母"a"的 ASCⅡ码值

C. 所有大写英文字母的 ASCⅡ码值都大于小写英文字母"a"的 ASCⅡ码值

D. 标准 ASCⅡ表有 256 个不同的字符编码

25. 汉字在计算机内部的传输、处理和存储都使用汉字的_____。

A. 字形码　　　B. 输入码　　　C. 机内码　　　D. 国标码

第 5 章　计算机网络

本章学习任务

1. 了解数据通信基础知识。
2. 掌握计算机网络的组成和分类。
3. 了解因特网的应用。
4. 了解网络信息安全的知识。

迈入 21 世纪后，以网络为核心的信息时代早已到来。作为新世纪的重要特征之一，"网络化"正在不断地改变着人们的生活、学习和工作。经过多年的发展，计算机网络的应用从科研、教育到工业，如今已逐步渗透到社会的各个领域。了解什么是计算机网络、熟悉计算机网络的组成结构、掌握一些计算机网络的构建原理和常见应用，对人们的学习和生活是十分有必要的。

5.1　数据通信基础知识

通信是指人与人或人与自然之间通过某种行为或媒介进行的信息交流与传递。而现代通信主要是指利用电（光）技术在不同的地点之间传递信息，一般称为电信，如无线电、电报、电视、电话、数据通信以及计算机网络通信等。

5.1.1　信道

信道是信息传输的媒介或渠道，作用是把携带有信息的信号从它的输入端传递到输出端。根据传输媒介的不同，信道可分为有线信道和无线信道两类。常见的有线信道有双绞线、同轴电缆、光纤等；常见的无线信道有微波、短波、超短波、人造卫星等。

5.1.2　数字信号和模拟信号

信号在传输时一般有两种形式：连续的形式和离散的形式。给定范围内表现为连续的信号称为模拟信号，如人们打电话或通过话筒转换得到的电信号；离散信号又称为数字信号，通常使用两个或多个状态表示信息，如电报和计算机发出的信号都是数字信号。模拟信号与数字信号如图 5-1 所示。

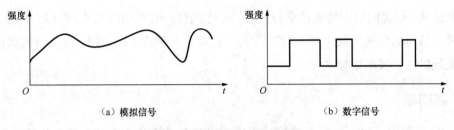

（a）模拟信号　　　　　　　　　　（b）数字信号

图 5-1　模拟信号与数字信号

5.1.3　调制与解调

普通电话线是针对语音通话而设计的模拟通信，适用于传输模拟信号。计算机产生的是离散脉冲表示的数字信号，因此要利用电话交换网实现计算机的数字脉冲信号的传输，就必须首先将数字脉冲信号转换成模拟信号。将发送端数字脉冲信号转换成模拟信号的过程称为调制（Modulation）；将接收端模拟信号还原成数字脉冲信号的过程称为解调（Demodulation）。鉴于大多数情况通信总是双向进行的，所以调制器和解调器往往合在一起，称为"调制解调器"，英文为 Modem，简称"猫"。模拟通信与调制解调器如图 5-2 所示。

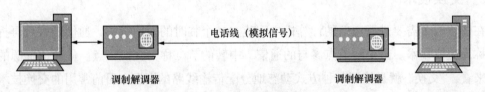

电话线（模拟信号）

调制解调器　　　　　　　　　　调制解调器

图 5-2　模拟通信与调制解调器

5.1.4　带宽与传输速率

在模拟信道中，用带宽表示信道传输信息的能力。带宽是指在给定时间等条件下流过特定区域的最大数据位数，其基本单位为赫兹（Hz）。在某一特定带宽的信道中，同一时间内，数据不仅能以某一种频率传送，而且还可以用其他不同的频率传送。例如，把城市的道路看成网络，道路有单行道、双车道或者四车道，人们驾车从出发点到目的地，途中可能经过单行道、双车道或者四车道。在这里，车道的数量好比是带宽，车辆的数目就好比是网络中传输的信息量。车道越多，就意味着拥有更宽的带宽，也就是有更大的信息运送能力。因此，信道的带宽越宽（带宽数值越大），其可用的频率就越多，其传输的数据量就越大。

在数字信道中，用数据传输速率（比特率）表示信道的传输能力，即每秒传输的二进制位数（bit/s，比特/秒），常用的数据传输速率单位还有 kbit/s、Mbit/s、Gbit/s 与 Tbit/s。需要注意的是，数据传输速率的基本单位是比特（bit）。例如，通常所说的家里上网的带宽为 8M，就是指连接网络时的最快数据传输速率，经过单位转换后，实际下载文件时的速度可能不到 1 MB/s。

研究证明，信道的最大传输速率与信道带宽之间存在着明确的关系，所以人们经常用"带宽"来表示信道的数据传输速率，"带宽"与"速率"几乎成了同义词。带宽与数据传输速率是通信系统的主要技术指标之一。

5.1.5 误码率

由于种种原因，数字信号在传输过程中不可避免地会产生差错，如在传输过程中受到外界的干扰，或在通信系统内部因各个组成部分的质量不够理想而使传送的信号发生畸变等。当受到的干扰或信号畸变达到一定程度时，就会产生差错。在一定时间内收到的数字信号中发生差错的比特数与同一时间所收到的数字信号的总比特数之比称为误码率，误码率是用于衡量数据在规定时间内数据传输精确性的指标。在计算机网络系统中，一般要求误码率低于 10^{-6}。

通常，在选择通信连接时都需要一个带宽和数据传输率高而误码率低的服务提供商。在选择网络连接设备时也应该根据具体需求，选择合理的方案，以最高的性价比构建不同的通信系统。

5.1.6 交换技术

在任意两个需要进行通信的计算机之间建立一个临时的通信链路，通信结束后再拆除链路，称为交换技术。由中转节点参与的通信，中转的节点称为交换节点。从通信资源的分配角度来看，"交换"就是按照某种方式动态地分配传输线路的资源。目前常用的交换技术有两种，分别是电路交换和分组交换。

1. 电路交换

电路交换（线路交换）的特点是建立连接的时间长，一旦建立连接就独占线路，线路利用率低，无纠错机制，建立连接后传输时延小。电话通信的过程即电路交换的过程，相应的电路交换的基本过程可分为连接建立、信息传送和连接拆除三个阶段。

2. 分组交换

分组交换（包交换）的原理是将报文划分为若干个大小相等的分组进行存储转发，其典型应用是计算机网络中的数字通信网。

分组交换的特点是数据传输前不需要建立一条端到端的通路，有强大的纠错机制、流量控制和路由选择功能，存储量要求较小，可以用内存来缓冲分组，转发延时小，适用于交互式通信，某个分组出错仅重发该分组，各分组可以通过不同的路径传输，可靠性高。分组交换技术广泛应用于计算机网络间的数据传递。

5.1.7 有线通信和无线通信

根据信道传输媒质不同，通信可以分为有线通信和无线通信。

1. 有线通信

有线通信是指传输媒质为导线、电缆、光缆、波导、纳米材料等形式的通信，其特点是媒质能看得见、摸得着。有线通信一般受干扰较小，可靠性、保密性强，但建设费用大。现代的有线通信是指有线电信，即利用金属导线、光纤等有形媒质传送信息的方式。光或电信号可以代表声音、文字、图像等。下面介绍以下几种传输介质。

（1）双绞线

双绞线是最为常见的金属传输介质，它由四对八根绝缘的金属导线两两拧合而成，外层有护套保护。双绞线有两种，分别为屏蔽双绞线和非屏蔽双绞线。其中，屏蔽双绞线中夹有铜质网状物，可以更好地屏蔽外界电磁的干扰。成本低、易受外界电磁干扰、误码率高、传输距离有限是双绞线传输信号的特点。由于成本和环境因素，因此目前在家庭、学校和单位的网络连接中主要使用的是非屏蔽双绞线。屏蔽和非屏蔽双绞线如图 5-3 所示。

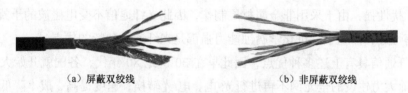

（a）屏蔽双绞线　　　　　　　　（b）非屏蔽双绞线

图 5-3　屏蔽和非屏蔽双绞线

（2）同轴电缆

同轴电缆也是网络中最常见的传输介质，一般同轴电缆由四层组成，最内层是铜质导体，依次向外为绝缘层、屏蔽层和保护套。其中，屏蔽层为铜质精细网状物，用于屏蔽外界的电磁干扰。同轴电缆的特点是成本低、易于安装、方便扩展、传输特性和屏蔽特性较好，可作为中长距离传输信号的载体。在早期局域网连接和家庭有线电视系统中常用同轴电缆作为其信号传输介质。同轴电缆如图 5-4 所示。

图 5-4　同轴电缆

（3）光导纤维

光导纤维俗称光纤，由折射率较高的纤芯和折射率较低的包层组成，包层用于为光纤提供物理保护，屏蔽外界光源干扰。由于光纤使用光信号而不用电信号传输数据，因此传输速度更快、带宽更大。随着用户对数据传输速度要求不断提高，光纤的使用也日渐普遍。对于计算机网络来说，光纤具有独特的优势，是目前和未来发展的方向。光导纤维如图 5-5 所示。

图 5-5　光导纤维

光纤分成两种，分别是单模光纤和多模光纤。其中，单模光纤中心玻璃芯很细（芯径一般为 9μm 或 10μm），只能传一种模式的光，因此其模间色散很小，适用于远程通信。

光纤通信的特点如下。

① 传输信号的频带宽，通信容量大。

② 传输过程中损耗小，距离长，由于光纤具有较低的衰减，因此可以长距离传输信号，传输距离可达 5 km 以上。

③ 误码率低，传输可靠性高。

④ 抗干扰性强，由于采用非金属材质制作，因此光纤通信不受电磁波的干扰。

⑤ 保密性好、体积小、抗化学腐蚀能力强都是光纤通信独特的优点。

由于光纤通信具有上述多种优点，因此早在 20 世纪 80 年代，各国就开始大规模铺设光纤线路。目前大力建设的全光网不再进行光/电、电/光转换，速度提高，成本降低，它是信息高速公路的基础。由于人们对通信的容量要求越来越高、对通信的业务要求越来越多样化，因此通信系统正迅速向着宽带化方向发展，而光纤通信系统将在通信网中发挥越来越重要的作用。

2．无线通信

无线通信是指传输媒质看不见、摸不着的一种通信形式，如微波通信、短波通信、移动通信、卫星通信等。无线通信按工作频段可以分为特长波通信、甚长波通信、长波通信、中波通信、短波通信、超短波通信、微波通信和亚毫米波通信等（见表 5-1）。

表 5-1　电磁波频（波）段的划分

波段名	亚毫米波 Sub mm	毫米波	厘米波	分米波	超短波 Metric wave	短波 SW	中波 MW	长波 LW	甚长波	特长波
		微波（Microwave）								
	射频波段									
波长	0.1～ 1mm	1～ 10mm	1～ 10cm	10～ 100cm	1～ 10m	10～ 100m	100～ 1 000m	1～ 10km	10～ 100km	100～ 1 000km
频率	3 000～ 300GHz	300～ 30GHz	30～ 3GHz	3 000～ 300MHz	300～ 30MHz	30～3 MHz	3 000～ 300kHz	300～ 30kHz	30～ 3kHz	3 000～ 300Hz

5.2　计算机网络的组成和分类

计算机网络技术自诞生之日起，就以惊人的速度不断发展。计算机网络是随着强烈的社会需求和前期通信技术的成熟而出现的。虽然计算机网络仅有几十年的发展历史，但是它经历了从简单到复杂、从低级到高级、从地区到全球的发展过程。纵观计算机网络的形成与发展历史，大致可以将它分为四个阶段。

第一阶段是 20 世纪 50～60 年代面向终端的具有通信功能的单机系统。那时人们将独立的计算机技术与通信技术结合起来，为计算机网络的产生奠定了基础。人们通过数据通信系统将地理位置分散的多个终端通过通信线路连接到一台中心计算机上，由一台计算机以集中方式处理不同地理位置用户的数据。

第二阶段应该从美国的 ARPANET 分组交换技术开始。ARPANET 是计算机网络技术发展中的里程碑，它使网络中的用户可以通过本地终端使用本地计算机的软件、硬件与数据资源，也可以使用网络中其他地方的计算机的软件、硬件与数据资源，从而达到计算机资源共享的目的。ARPANET 的研究成果对世界计算机网络发展的意义是深远的。

第三阶段可以从 20 世纪 70 年代开始，国际上各种广域网、局域网与公用分组交换网发展十分迅速。各计算机厂商和研究机构纷纷发展自己的计算机网络系统，随之而来的问题就是网络体系结构与网络协议的标准化工作。1984 年，国际标准化组织（International Standards Organization，ISO）正式制订和颁布了"开放系统互联参考模型"，简称 OSI，即著名的 OSI 七层模型。ISO/OSI 已被国际社会公认，成为研究和制订新一代计算机网络标准的基础。从此，网络产品有了统一标准，促进了企业的竞争，大大加速了计算机网络的发展，并使各种不同的网络互联、互通变为现实，实现了更大范围内的计算机资源共享。

第四阶段从 20 世纪 90 年代开始，这一阶段计算机网络发展的特点是互联、高速、智能与更为广泛的应用。Internet 是覆盖全球的信息基础设施之一，用户可以利用 Internet 实现全球范围的信息传输、信息查询、电子邮件、语音与图像通信服务等功能。

5.2.1　网络的分类

计算机网络分类的标准很多，如按拓扑结构、应用协议、传输介质、数据交换方式分类等。各种分类标准只能从某一方面反映网络的特征，而最能反映网络技术本质特征的分类标准是按照网络覆盖的地理范围和规模分类，由于网络覆盖的地理范围不同，它们所采用的传输技术也就不同，因此形成的网络技术特点与网络服务功能不同。依据这种分类标准，可以将计算机网络分为三种：局域网（LAN）、城域网（MAN）和广域网（WAN）。

1. 局域网

局域网就是指局部地区范围内的网络，一般情况下把地域范围有限、归属单一的网络看作局域网。通常这种网络是方圆几千米以内，将各种计算机，外部设备和数据库等互相连接起来组成的计算机通信网。它可以通过数据通信网或专用数据电路，与远方的局域网、数据库或处理中心相连接，构成一个较大范围的信息处理系统。局域网可以实现文件管理、应用软件共享、打印机共享、扫描仪共享、工作组内的日程安排、电子邮件和传真通信服务等功能。局域网严格意义上是封闭型的，它可以由办公室内几台甚至成千上万台计算机组成。决定局域网的主要技术要素为网络拓扑、传输介质与介质访问控制方法。局域网由网络硬件（包括网络服务器、网络工作站、网络打印机、网卡、网络互联设备等）、网络传输介质和网络软件组成。

2．城域网

城域网是介于广域网与局域网之间的一种高速网络，它的设计目标是满足几十公里范围内的大量企业、学校、公司的多个局域网的互联需求，以实现大量用户之间的信息传输。

3．广域网

广域网覆盖范围比较广，主要用于连接相距较远的局域网，地理范围可从几百公里到几千公里，一般情况下广域网需向运营商（如中国电信）租用线路以获得相应的服务。广域网的通信子网主要使用分组交换技术。广域网的通信子网可以利用公用分组交换网、卫星通信网和无线分组交换网，将分布在不同地区的局域网或计算机系统互联起来，达到资源共享的目的。例如，因特网（Internet）是世界范围内最大的广域网。

5.2.2 网络的拓扑结构

网络拓扑结构是指用传输媒体互联各种设备的物理布局，也就是用什么方式把网络中的计算机等设备连接起来。它的结构主要有总线型拓扑结构、星型拓扑结构、环型拓扑结构、树型拓扑结构和网状拓扑结构等。三种常见的网络拓扑结构如图 5-6 所示。

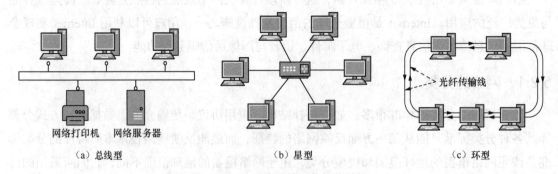

图5-6 三种常见的网络拓扑结构

1．总线型拓扑结构

将所有的节点都连接到一条电缆上，则这条电缆称为总线。总线型拓扑结构网络是最为普及的网络拓扑结构之一，它的连接形式简单、易于安装、成本低，增加和撤销网络设备都比较灵活。但由于总线型拓扑结构中，如任意的节点发生故障都会导致网络的阻塞，同时这种拓扑结构还难以查找故障，因此总线型拓扑结构适用于计算机数目相对较少的局域网络，通常这种局域网络的传输速率为 100 Mbit/s，网络连接选用同轴电缆。总线型拓扑结构曾流行了一段时间，典型的总线型局域网是以太网。

2. 星型拓扑结构

在星型拓扑结构中，网络中的各节点通过点到点的方式连接到一个中央节点（又称中央转接站，一般是集线器或交换机）上，由该中央节点向目的节点传送信息。星型拓扑结构相对简单、便于管理、建网容易，但耗费电缆多、中央节点负担重、分布处理能力较低。采用星型拓扑结构的局域网，一般使用双绞线或光纤作为传输介质，符合综合布线标准，能够满足多种宽带需求，是目前局域网普遍采用的一种拓扑结构。

3. 环型拓扑结构

在环型拓扑结构中，各个节点通过中继器连接到一个闭合的环路上，环中的数据沿着一个方向传输，由目的节点接收。环型拓扑结构简单、成本低，适用于数据不需要在中心节点上处理而主要在各自节点上进行处理的情况。但是环中任意一个节点的故障都可能造成网络瘫痪，这成为环型网络可靠性的瓶颈。

4. 树型拓扑结构

树型拓扑结构中的节点按层次进行连接，像树一样，有分支、根节点、叶子节点等，信息交换主要在上、下节点之间进行。树型拓扑结构可以看成星型拓扑结构的一种扩展，主要适用于汇集信息的应用要求。

5. 网状拓扑结构

网状拓扑结构没有上述四种拓扑那么明显的规则，节点的连接是任意的，没有规律。网状拓扑结构的优点是系统可靠性高，但是由于结构复杂，因此必须采用路由协议、流量控制等方法。广域网中基本都采用网状拓扑结构。

5.2.3　网络硬件

与计算机系统类似，计算机网络系统也由网络硬件和软件设备两部分组成。下面介绍常见的网络硬件设备。

1. 传输介质

局域网中常用的传输介质（Media）有同轴电缆、双绞线和光缆。随着无线网的深入研究和广泛应用，无线技术也越来越多地用来进行局域网的组建。

2. 网络接口卡

网络接口卡（NIC）是构成网络必需的基本设备，用于将计算机和通信电缆连接起来，以便经电缆在计算机之间进行高速数据传输。因此，每台连接到局域网的计算机（工作站或服务器）都需要安装一块网卡，通常网卡都插在计算机的扩展槽内。

在不同类型的网络中，由于数据帧的格式不同，因此连接网络的网卡类型也不相同，使用有线传输介质和无线传输介质的网卡也是有区别的。由于网卡功能相对简单，因此在网络应用不断普及和芯片集成度不断提高的当今，大部分计算机在主板上都集成了网卡芯片，提供网络连接功能。

3. 交换机

交换概念的提出是对于共享工作模式的改进，而交换式局域网的核心设备是局域网交换机（Switch），如图 5-7 所示。共享式局域网在每个时间片上只允许有一个节点占用公用的通信信道。交换机支持端口连接的节点之间的多个并发连接，从而增大网络带宽，改善局域网的性能和服务质量。

图 5-7　局域网交换机

4. 无线 AP

无线 AP(Access Point)也称为无线访问点或无线桥接器，即传统的有线局域网网络与无线局域网络之间的桥梁。通过无线 AP，任何一台装有无线网卡的主机都可以连接有线局域网络。无线 AP 含义较广，不仅提供单纯性的无线接入点，还是无线路由器等类设备的统称，兼具路由、网管等功能。单纯性的无线 AP 就是一个无线交换机，仅仅提供无线信号发射的功能，其工作原理是将网络信号通过双绞线传送过来，AP 将电信号转换成无线电信号发送出来，形成无线网的覆盖。不同的无线 AP 型号具有不同的功率，可以实现不同程度、不同范围的网络覆盖，一般无线 AP 的最大覆盖距离可达 300 m，非常适合在建筑物之间、楼层之间等不便于架设有线局域网的地方构建无线局域网。

5. 路由器

路由器（Router）是互联网的主要互联设备，通过路由决定数据的转发。转发策略称为路由选择（Routing），这也是路由器名称的由来。作为不同网络之间互相连接的枢纽，路由器系统构成了基于 TCP/IP 的国际互联网络 Internet 的主体脉络，也可以说路由器构成了 Internet 的骨架。路由器主要功能可以实现异构网络的互联互通，如以太网和 FDDI 网络的互联，同时还能够通过自动更新的路由表选择一条最佳路径对数据报进行转发。路由器如图 5-8 所示。

5.2.4　网络软件

计算机网络的设计除了硬件，还必须要考虑软件，目前的网络软件都是高度结构化的。

为了降低网络设计的复杂性，绝大多数网络都需划分层次，每一层都在其下一层的基础上，向上一层提供特定的服务。提供网络硬件设备的厂商很多，不同的硬件设备如何统一划分层次，并且能够保证通信双方对数据的传输理解一致，要通过单独的网络软件即协议来实现。

图 5-8　路由器

通信协议就是通信双方都必须遵守的通信规则，是一种约定。例如，当人们见面，某一方伸出手时，另一方也应该伸手与对方握手表示友好，如果另一方没有伸手，则违反了礼仪规则，那么他们后面的交往可能就会出现问题。

计算机网络中的协议是非常复杂的，因此网络协议通常都按照结构化的层次方式来进行组织。TCP/IP 是当前最流行的商业化协议，被公认为当前的工业标准或事实标准。Internet 采用的就是 TCP/IP，网络上各种各样的计算机上只要安装了 TCP/IP，它们之间就能相互通信。TCP/IP 是由 100 多个协议组成的协议簇，TCP 和 IP 是其中两个最重要的协议。

图 5-9 给出了 TCP/IP 参考模型的分层结构，它将计算机网络划分为四个层次。

图 5-9　TCP/IP 参考模型

（1）第一层主机至网络层。规定了怎样与各种不同的网络互联，并负责将 IP 数据包转换成适合在特定网络中传输的帧格式。

（2）第二层互联层。主要协议为 IP，规定了整个网络中所有计算机统一使用的编址方案和数据包格式，以及如何将 IP 数据报从一台计算机通过路由器送达到目标的转发机制。

（3）第三层传输层。主要协议为 TCP 和 UDP（用户数据报协议），规定了怎样进行端对端的数据传输，其中 TCP 负责可靠的数据传输，而 UDP 只是尽力传输数据，但并不保证数据传输的可靠性。

（4）第四层应用层。主要规定了不同主机上的应用程序之间的互联规则和通信，该层协议有 SMTP（简单邮件传输协议）、HTTP（超文本传输协议）、FTP（文件传输协议）。

5.2.5　无线局域网

无线局域网络英文全名为 Wireless Local Area Networks（WLAN）。在有线网络中，网络设备的安放位置受网络位置的限制，而无线局域网在无线信号覆盖区域内的任何一个位置都可以接入网络。无线局域网另一大优点在于其移动性，连接到无线局域网的用户可以移动且能同时与网络保持连接。在利用无线信号组建局域网时有以下几个优势：它可以免去或最大限度地减少网络布线的工作量，一般只要安装一个或多个接入点设备，就可建立覆盖整个区域的局域网络；对于有线网络来说，办公地点或网络拓扑的改变通常意味着重新建网，重新布线是一个昂贵、费时、浪费和琐碎的过程，无线局域网可以避免或减少以上情况的发生；以往，有线网络一旦出现物理故障，尤其是因线路连接不良而造成的网络中断，往往很难查明，而且检修线路需要付出很大的代价，而无线网络则很容易定位故障，只需更换故障设备即可恢复网络连接。由于无线局域网具有以上诸多优点，因此其发展十分迅速。基于 IEEE 802.11 标准的无线局域网允许在局域网络环境中使用可以不必授权的 ISM 频段中的 2.4 GHz 或 5 GHz 射频波段进行无线连接。

最近几年，无线局域网已经在企业、医院、商店、工厂和学校等场合得到了广泛的应用。WLAN 的实现协议有很多，其中最为著名也是应用最为广泛的是无线保真技术（Wi-Fi），它实际上提供了一种能够令各种终端都使用无线进行互联的技术，为用户屏蔽了各种终端之间的差异性。在实际应用中，WLAN 的接入方式很简单，以家庭 WLAN 为例，只需一个无线接入设备路由器、一个具备无线功能的计算机或终端（手机或 Pad），没有无线功能的计算机只需外插一个无线网卡即可。

蓝牙也是一种近距离无线数字通信的技术标准，它是对 IEEE 802.11 标准的补充。蓝牙的传输速度可达到 1 Mbits/s，传输距离在 10 m 以内，常用于办公室或家庭实现无线传输，如手机和笔记本的连接。在无线鼠标、键盘和各类遥控器中，蓝牙技术因自身的优势（传输距离远、传输速度快）正在逐步取代早期的红外无线连接。

5.2.6　网络的功能

计算机网络的功能主要表现在数据通信、软硬件资源共享和提高系统安全可靠性三个方面。

（1）数据通信。计算机分散在不同的部门、不同的单位甚至不同的国家，网络将这些计算机有机地连接起来，使得它们能够相互通信、传递数据、进行信息的交换，如发送电子邮件、网络聊天和 IP 电话等。

（2）软硬件资源共享。资源共享允许互联网上的用户远程访问各类大型数据库，可以得到网络文件传送服务、远程管理服务和远程文件访问服务，从而避免软件研制上的重复劳动和数据资源的重复存储，也便于集中管理。资源共享还可以在全网范围内提供对处理资源、存储资源、输入/输出资源等昂贵设备的共享，使用户节省投资，也便于集中管理和均衡分担负荷。用户在需要大量计算资源时，可以借助于网络上其他计算机的处理能力，共同完成信息处理的任务。

（3）提高系统安全可靠性。网络中的计算机可以对数据进行备份，当某台计算机出现故障时，可以让其他计算机顶替它的地位，共同维持相关的服务，从而提高网络的可靠性和可用性。

5.3　因特网基础

因特网是 Internet 的音译，建立在全球网络互联的基础上，是一个全球范围的信息资源网。因特网大大缩短了人们的生活距离，世界因此变得越来越小。因特网提供资源共享、数据通信和信息查询等服务，已经逐步成为人们了解世界、学习研究、购物休闲、商业活动、结识朋友的重要途径。显然，掌握因特网的使用已经是现代人必不可少的技能。

因特网通过路由器将成千上万个不同类型的物理网络互联在一起，是一个超大规模的网络。为了使信息能够准确到达因特网上指定的目的节点，必须给因特网上每个节点（主机、路由器等）指定一个全局唯一的地址标识，就像每一部电话都具有一个全球唯一的电话号码一样。在因特网通信中，可以通过 IP 地址和域名实现明确的目的地指向。

5.3.1　IP 地址与域名系统

1．IP 地址

根据 TCP/IP 规定，IP 地址有两个版本：IPv4 和 IPv6。其中，IPv4 地址由 32 位二进制数组成。例如，某台连在因特网上的计算机的 IP 地址为 11010010 01001101 10101100 00100010，这些数字对于人来说很难记忆，为了方便记忆，就将组成计算机的 IP 地址的 32 位二进制分成四段，每段 8 位，中间用小数点隔开，并用十进制数来表示，每段的十进制数范围是 0～255。这样上述计算机的 IP 地址就可以表示为 210.77.172.34。

一台主机的 IP 地址可分为两部分，即网络号和主机号，用以下公式表示，即

$$IP 地址 = 网络号 + 主机号$$

网络号（net-id）用来指明主机所从属的物理网络的编号。主机号（host-id）是指主机在物理网络中的编号。

按照网络规模的大小，IP 地址可以分为 A、B、C、D、E 五类，其中 A、B、C 类是三种主要的类型地址，D 类专供多目传送用得多目地址，E 类用于扩展备用地址。

由于近年来因特网上的节点数量增长速度太快，因此 IP 地址逐渐匮乏，很难达到 IP 设计初期希望给每一台主机都分配唯一 IP 地址的期望。为了解决 IPv4 协议面临的各种问题，新的协议和标准即 IPv6 诞生了。IPv6 协议中包括新的协议格式、有效的分级寻址和路由结构等特征，其中最重要的就是长达 128 位的地址长度。IPv6 地址空间是 IPv4 的 2^{96} 倍，能提供超过 3.4×10^{38} 个地址。可以说，有了 IPv6，在今后因特网的发展中，几乎可以不用再担心 IP 地址短缺的问题了。

2．域名系统

IP 地址由 32 位二进制数据构成，非常不便于人们记忆和使用，为了能够方便用户，需要使用具有特定含义的符号表示因特网中的每台主机。当然，这些符号需要与 IP 地址相对应。

为了避免重复，域名采用层次结构，各层次的子域名之间用圆点"."隔开，其结构为

主机名.…….第二级域名.第一级域名

例如，访问扬州市职业大学的网站时，可以输入"http://211.65.8.4/"，但是这样的数字既不直观，也不便于记忆，"http://www.yzpc.edu.cn/"显然要比上面单纯的数字要好得多。实现这种 IP 和域名的相互转换称为域名系统（Domain Name System，DNS），它是因特网的一项核心服务，作为可以将域名和 IP 地址相互映射的一个分布式数据库，能够使人们更方便地访问互联网，而不用去记住能够被机器直接读取的 IP 数串。图 5-10 所示为域名的分层结构图。

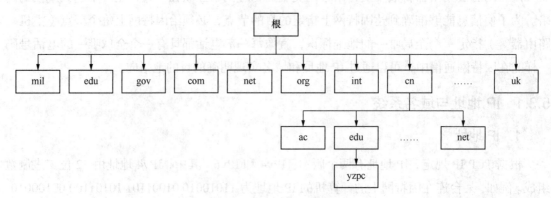

图 5-10 域名的分层结构图

域名在使用时可以是字母、数字和连字符，但必须是字母和数字开头并结尾，总长不得超过 255 个字符。因特网上的每台主机的一个 IP 地址可以对应多个域名，而每个域名只能对应一个 IP 地址。

5.3.2 如何接入因特网

要接入因特网，寻找一个合适的因特网服务提供商（Internet Service Provider, ISP）是非常重要的。一般 ISP 提供的功能主要有分配 IP 地址和网关及 DNS、提供联网软件、提供各种因特网服务、接入服务。

因特网接入方式通常有专线连接、局域网连接、无线连接和电话拨号连接四种。其中，使用 ADSL 拨号方式连接对众多个人用户和小单位来说是最经济的，也是采用最多的一种接入方式。无线连接也成为当前流行的一种接入方式，给网络用户提供了极大的便利。

1. ISDN

综合业务数字网（Integrated Service Digital Network，ISDN）就是俗称的一线通。由于 ISDN 使用数字传输技术，因此 ISDN 线路抗干扰能力强、传输质量高且支持同时打电话和上网、速度快且方便。普通 Modem 需要拨号等待 1～5 min 后才能接入，实际速度为 20～50 kbit/s；ISDN 则只需等待 1～3 s 就可以实现接入，实际速度可以达到 100～128 kbit/s。

2．ADSL

非对称数字用户环路（Asymmetric Digital Subscriber Line，ADSL）是一种新的数据传输方式。它由于上行和下行带宽不对称，因此称为非对称数字用户线环路。它采用频分复用技术把普通的电话线分成了电话、上行和下行三个相对独立的信道，从而避免了相互之间的干扰，即使边打电话边上网，也不会发生上网速率和通话质量下降的情况。通常 ADSL 在不影响正常电话通信的情况下可以提供最高 3.5 Mbit/s 的上行速度和最高 24 Mbit/s 的下行速度。

3．Cable Modem

Cable Modem 与以往的 Modem 在原理上都是将数据进行调制后在 Cable（电缆）的一个频率范围内传输，接收时进行解调，传输机理与普通 Modem 相同。不同之处在于它是通过有线电视 CATV 的某个传输频带进行调制解调的，而普通 Modem 的传输介质在用户与访问服务器之间是独立的，即用户独享通信介质。Cable Modem 属于共享介质系统，其他空闲频段仍然可用于有线电视信号的传输。

此外，由于其网络线路带宽是共享的，因此在用户达到一定规模后实际上无法提供宽带数据业务，用户分享到的带宽是非常有限的，简单来说就是用户越多，速度就越慢。

4．光纤接入

光纤宽带就是把要传送的数据由光信号转换为电信号进行通信，在光纤的两端分别都装有"光猫"进行信号转换。光纤是宽带网络中多种传输媒介中最理想的一种，它的特点是传输容量大、传输质量好、损耗小、中继距离长等。光纤宽带和 ADSL 接入方式的区别就是：ADSL 是电信号传播，而光纤宽带是光信号传播。

目前正在大力发展光纤接入业务，不少小区都已经改造完成，实现了光纤入户，家庭网络接入速度也得到了前所未有的提升，不少家庭用户的网速都已经达到了 100M 带宽，实现了真正的宽带接入。

5．无线连接

无线局域网的构建不需要布线，因此提供了极大的便捷，省时省力，并且在网络环境发生变化、需要更改的时候也易于更改维护。

现在市面上已经有一些产品，如无线 ADSL 调制解调器，它相当于将无线局域网和 ADSL 的功能合二为一，只要将电话线接入无线 ADSL 调制解调器，即可享受无线网络和因特网的各种服务了。

5.4　因特网应用

因特网已经成为人们获取信息的主要渠道，人们已经习惯每天到一些感兴趣的网站上看看新闻、收发电子邮件、下载资料、与同事朋友在网上交流等。本节将介绍常见的一些简单因特网应用和使用技巧。

5.4.1　网上漫游

在因特网上浏览信息是因特网最普遍也是最受欢迎的应用之一，用户可以随心所欲地在信息的海洋中冲浪，获取各种有用的信息。

1.　万维网

万维网（World Wide Web，WWW）有不少名字，如 3W、WWW、Web、全球信息网等。WWW 是一种建立在因特网上的全球性的、交互的、动态的、多平台的、分布式的超文本超媒体信息查询系统，也是建立在因特网上的一种网络服务，其最主要的概念是超文本（Hypertext），遵循超文本传输协议（Hyper Text Transmission Protocol，HTTP）。WWW 最初是由欧洲粒子物理实验室的 Tim Berners Lee 创建的，目的是为分散在世界各地的物理学家提供服务，以便交换彼此的想法、工作进度及有关信息。现在 WWW 的应用已远远超出了原定的目标，成为因特网上最受欢迎的应用之一。WWW 的出现极大地推动了因特网的发展。

WWW 网站中包含很多网页（又称 Web 页）（见图 5-11）。网页是用超文本标记语言（Hyper Text Markup Language，HTML）编写的，并在 HTTP 支持下运行。一个网站的第一个 Web 页称为主页或首页，它主要体现这个网站的特点和服务项目。每一个 Web 页都由一个唯一的地址（URL）表示。

图 5-11　浏览网页

2.　超文本和超链接

超文本（Hypertext）中不仅包含有文本信息，而且还可以包含图形、声音、图像和视频等多媒体信息，因此称为超文本，更重要的是超文本中还可以包含指向其他网页的链接，这种链接称为超链接（Hyper Link）。在一个超文本文件里可以包含多个超链接，它们把分布在本地或远程服务器中的各种形式的超文本文件链接在一起，形成一个纵横交错的链接网。用户可以打破传统阅读文本时顺序阅读的老规矩，从一个网页跳转到另一个网页进行阅读。当鼠标指针移动到含有超链接的文字或图片时，指针会变成一个手形指针，文字也会改变颜色或加下划线，表示此处有一个超链接，可以单击它转到另一个相关的网页。这对浏览来说非常方便。可以说，超文本是实现浏览的基础。

3. 统一资源定位器

WWW 用统一资源定位符（Uniform Resource Locator，URL）来描述 Web 网页的地址和访问它时所用的协议。因特网上几乎所有功能都可以通过在 WWW 浏览器里输入 URL 地址实现，通过 URL 标识因特网中网页的位置。URL 的格式为

协议://IP 地址或域名/路径/文件名

其中，协议就是服务方式或获取数据的方法，常见的有 HTTP、FTP 等；协议后的冒号加双斜杠表示接下来是存放资源的主机的 IP 地址或域名；路径和文件名是用路径的形式表示 Web 页在主机中的具体位置（如文件夹、文件名等）。

4. 浏览器

浏览器是用于浏览 WWW 的工具，安装在用户的机器上，是一种客户机软件。它能够把用超文本标记语言描述的信息转换成便于理解的形式。此外，它还是用户与 WWW 之间的桥梁，把用户对信息的请求转换成网络上计算机能够识别的命令。浏览器有很多种，目前最常用的 Web 浏览器是谷歌公司的 Chrome 和微软公司的 Internet Explorer（IE）。除此之外，还有很多浏览器，如 Opera、Firefox、Safari 等。

5. 文件传输协议

文件传输协议（File Transfer Protocol，FTP）是因特网提供的基本服务。FTP 在 TCP/IP 体系结构中位于应用层。使用 FTP 可以在因特网上将文件从一台计算机传送到另一台计算机，不管这两台计算机位置相距多远、使用的是什么操作系统，也不管它们通过什么方式接入因特网。

人们往往会给不同的部门或者某个特定的用户设置一个账户。但是，这个账户有个特点，就是其只能访问自己的主目录。服务器通过这种方式来保障 FTP 服务上其他文件的安全性，这类账户就称为 Guest 用户。拥有这类用户的账户只能访问其主目录下的目录，而不得访问主目录以外的文件。而 Anonymous（匿名）用户也是通常所说的匿名访问，这类用户是指在 FTP 服务器中没有指定账户，但是其仍然可以匿名访问某些公开的资源。

6. 远程登录

远程登录（Telnet）是最早的 Internet 应用，起源于 ARPNET。Telnet 给用户提供了一种

通过其联网的终端登录远程服务器的方式。通过远程登录服务，用户可以通过自己的计算机进入 Internet 上的任何一台计算机系统中，远距离操纵其他机器实现自己的需要。

Telnet 经常用于公共服务或商业目的，用户可以使用 Telnet 远程检索大型数据库、公众图书馆的信息资源或其他信息。

5.4.2 电子邮件

电子邮件是一种用电子手段提供信息交换的通信方式，是互联网应用最广的服务。通过网络的电子邮件系统，用户可以以非常低廉的价格（无论发送到哪里，都只需负担网费）、非常快速的方式（几秒之内可以发送到世界上任何指定的目的地）与世界上任何一个角落的网络用户联系。

电子邮件地址的格式由三部分组成。第一部分"USER"代表用户信箱的账号，对于同一个邮件接收服务器来说，这个账号必须是唯一的；第二部分"@"是分隔符；第三部分是用户信箱的邮件接收服务器域名，用以标志其所在的位置。例如，10000@189.cn，其中 10000 就是该邮箱的用户名，邮箱服务器域名就是 189.cn。

电子邮件的传输是通过电子邮件简单传输协议（Simple Mail Transfer Protocol, SMTP）来完成的，它是 Internet 下的一种电子邮件通信协议。而 POP3 是把邮件从电子邮箱中传输到本地计算机的协议。电子邮件系统的工作原理如图 5-12 所示。

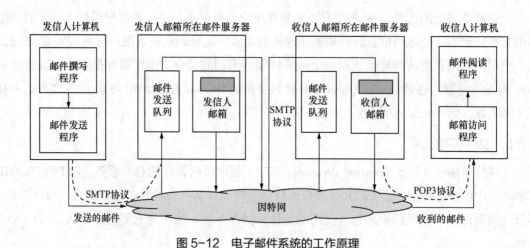

图 5-12 电子邮件系统的工作原理

5.5 网络信息安全

5.5.1 网络安全概述

网络安全是指网络系统的硬件、软件及其系统中的数据受到保护，不因偶然的或者恶意的原因而遭受到破坏、更改、泄露，系统连续可靠正常地运行，网络服务不中断。信息传输过程中常见的安全威胁如图 5-13 所示。

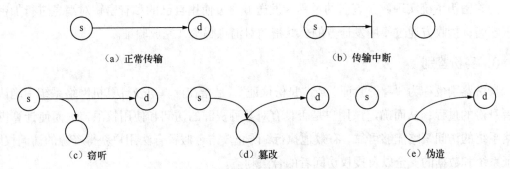

（a）正常传输　　　　　　　　　（b）传输中断

（c）窃听　　　　　　（d）篡改　　　　　（e）伪造

图 5-13　信息传输过程中常见的安全威胁

5.5.2　网络信息安全的常用技术

1．数据加密

数据加密的基本思想是通过改变数据排列方式，以掩盖其信息含义，使得只有合法的接收方才能读懂，任何其他人即使截取了信息也无法解开。数据加密目前仍是计算机系统对信息进行保护的一种最可靠的办法，它利用密码技术对信息进行加密，实现信息隐蔽，从而起到保护信息的安全的作用。

数据加密的术语如下。

（1）明文（plaintext）。加密前的原始数据（消息）。

（2）密文（ciphertext）。加密后的数据。

（3）密码（cipher）。将明文与密文进行相互转换的算法。

传统加密方法有两种：替换和置换。替换的方法使用密钥将明文中的每一个字符转换为密文中的一个字符；置换仅将明文的字符按不同的顺序重新排列。单独使用这两种方法的任意一种都是不够安全的，但是将这两种方法结合起来就能提供相当高的安全程度。

例如，有一个字符串，明文是"hello world"，通过简单的加密后密文为"ifmmp xpsme"，这种转换的对应密码就是通过简单的位移，将原有字母表 abcdefghijklmnopqrstuvwxyz 用 bcdefghijklmnopqrstuvwxyza ——替换后实现的，从而起到了保密作用。

2．数字签名

数字签名（又称公钥数字签名、电子签章）是一种类似写在纸上的普通的物理签名，但是使用了公钥加密领域的技术实现，用于鉴别数字信息的方法。一套数字签名通常定义两种互补的运算，一个用于签名，另一个用于验证。

数字签名就是只有信息的发送者才能产生的别人无法伪造的一段数字串，这段数字串同时也是对信息的发送者发送信息真实性的一个有效证明。数字签名属于验证消息发送方的技术。公共密钥加密方法除了提供信息的加密解密外，还可以用作数字签名，以鉴别信息来源。

公共密钥系统实现数字签名的过程为发送方通过使用自己的私有密钥对消息进行加密，实现签名；接收方通过使用发送方的公共密钥对消息解密，完成验证。

3．身份鉴别

身份鉴别也称为"身份验证"或"身份认证"，是指在计算机及计算机网络系统中确认操作者身份的过程，从而确定该用户是否具有对某种资源的访问和使用权限，进而使计算机和网络系统的访问策略能够可靠、有效地执行，防止攻击者假冒合法用户获得资源的访问权限，保证系统和数据的安全以及授权访问者的合法利益。

真实性鉴别指的是证实某人或某物的真实身份与其所称的身份是否相符的过程，也称为身份鉴别或身份认证，目的是为了防止欺诈和假冒。目前最简单也是最普遍的身份鉴别方法是使用口令/密码。

4．防火墙

防火墙是指一个由软件和硬件设备组合而成，在内部网和外部网之间、专用网与公共网之间构造的保护屏障，是一种获取安全性方法的形象说法，从计算机流入流出的所有网络通信均要经过此防火墙，它是一种计算机硬件和软件的结合，使 Internet 与 Intranet 之间建立起一个安全网关（Security Gateway），从而保护内部网免受非法用户的侵入，它实际上是一种隔离技术。防火墙是在两个网络通信时执行的一种访问控制尺度，允许用户"同意"的人和数据进入你的网络，同时将用户"不同意"的人和数据拒之门外，最大限度地阻止网络中的黑客来访问用户的网络，但是对于内部用户的入侵行为，防火墙并不能起到防范作用。

与因特网连接的计算机可以利用操作系统提供的防火墙软件或者下载专门的防护软件限制网络陌生用户的访问行为，达到保护个人计算机的目的。

5.5.3　计算机病毒防范

1．计算机病毒概念

计算机病毒是指蓄意在计算机程序或数据文件中插入的一些具有破坏性的指令和程序代码，它能通过自我复制进行传播，在一定条件下被激活，从而给计算机系统造成损害甚至严重破坏。

2．计算机病毒特征

（1）破坏性。凡是软件能作用到的计算机资源（包括程序、数据甚至硬件），均可能受到病毒的破坏。

（2）隐蔽性。大多数计算机病毒隐蔽在正常的可执行程序或数据文件里，不容易被发现。

（3）传播性。计算机病毒能从一个被感染的文件扩散到许多其他文件。特别是在网络环境下，计算机病毒能通过电子邮件、网页链接、二维码等迅速而广泛地进行传播，这是计算机病毒最可怕的一种特性。

（4）潜伏性。计算机病毒可能会长时间潜伏在合法的程序中，达到一定条件（如到达指定时间）后，它就激活其破坏机制开始进行破坏，称为病毒发作。

3．防范措施

检测与消除手机和计算机病毒最常用的方法是使用专门的杀毒软件，坚持预防和查杀相结合的原则。为了确保安全，首先要做好预防工作，如及时更新操作系统及应用软件、不使用来历不明的程序和数据、不轻易打开来历不明的短信和电子邮件（特别是其附件）、在手机和计算机上安装杀毒软件并及时更新病毒数据库等，最重要的一条是经常地、及时地做好系统及关键数据备份工作。

本章小结

本章主要介绍了计算机网络的相关知识和应用。计算机网络是以互联、共享为目的连接起来的计算机系统。20 世纪 60～80 年代，计算机技术与通信技术的结合奠定了现代计算机网络的基础。计算机网络由于覆盖的地理范围和规模不同，采用的传输技术也就不同，因此形成了三种类型的计算机网络：局域网、城域网和广域网。地理位置较近的用户计算机首先连接成局域网，同一地区的局域网之间互联形成这一地区的城域网，各地区的城域网通过广域网互联形成更大规模的网络。将网络节点和线路抽象成拓扑结构，常见的有星型、环型、总线型、网状和树型等拓扑结构。计算机网络系统由网络软件和硬件设备两部分组成，前者是高度结构化、层次化的，以各种通信协议为核心；后者包括网卡、交换机、路由器、线缆等硬件。近几年来，随着移动终端的发展，人们希望随时随地接入网络，因此无线网络正在变得越来越受欢迎，如 Wi-Fi 网络。

因特网是通过路由器将世界不同地区、规模大小不一、类型不一的网络互相连接起来的网络，是一个全球性的计算机互联网络。TCP/IP 是当前最流行的层次化计算机网络协议簇。TCP/IP 打破了网络互联的各种障碍，正是它的出现，计算机网络才变成了覆盖全球的因特网。IP 地址是 TCP/IP 中使用的网络层地址标识，用 IP 地址可以给因特网上每个节点指定一个全局唯一的地址标识。域名是通过 DNS 服务转换为 IP 地址的。目前，全世界正在逐步过渡到下一代因特网，使用地址空间更大的 IPv6 协议，以解决安全性、地址短缺等问题。

常用的因特网应用包括网上漫游、信息搜索、文件下载收发电子邮件、多媒体应用等。熟练使用浏览器可以让人们浏览网页、收藏喜欢的内容或把网页及其上的内容保存到本地。使用搜索引擎，可以用关键词在因特网上快速找到相关的信息。FTP 是常用的文件共享访问服务，使用浏览器或文件资源管理器都可以访问和下载。电子邮件使因特网上的交流沟通变得非常便捷，而功能强大的 Outlook 之类的邮件客户机工具可以更好地管理 E-mail 账户、邮件、联系人等，让人们的工作更加高效。流媒体使多媒体资源的共享更加实时，流媒体技术广泛应用于多种行业，因此有必要了解流媒体的基本概念和浏览操作方式。

　　计算机病毒是人为编写的一段程序代码或是指令集合，能够通过复制自身而不断传播病毒，并在病毒发作时影响计算机功能或是毁坏数据。计算机病毒一般具有可执行性、传染性、可触发性、破坏性、隐蔽性和针对性等特征。为了确保计算机系统和数据的安全，应安装有效的杀毒软件，并定期升级杀毒软件，同时采取防范措施，阻止计算机病毒的破坏和传播。

课后习题

1. 网络操作系统除了具有通常操作系统的四大功能外，还具有的功能是＿＿＿＿＿＿。

　　A. 文件传输和远程键盘操作　　　　B. 分时为多个用户服务

　　C. 网络通信和网络资源共享　　　　D. 远程源程序开发

2. 下列属于计算机病毒特征的是＿＿＿＿＿＿。

　　A. 模糊性　　　　B. 高速性　　　　C. 传染性　　　　D. 危急性

3. 下列关于计算机病毒的叙述中，错误的是＿＿＿＿＿＿。

　　A. 反病毒软件可以查杀任何种类的病毒

　　B. 计算机病毒是人为制造的、企图破坏计算机功能或计算机数据的一小段程序

　　C. 反病毒软件必须随着新病毒的出现而升级，提高查、杀病毒的功能

　　D. 计算机病毒具有传染性

4. 下列叙述中，正确的是＿＿＿＿＿＿。

　　A. 计算机病毒是因光盘表面不清洁而造成的

　　B. 计算机病毒主要通过读写移动存储器或 Internet 网络进行传播

　　C. 只要把带病毒的优盘设置成只读状态，那么此盘上的病毒就不会因读盘而传染给另一台计算机

　　D. 病毒发作后，将造成计算机硬件永久性的物理损坏

5. "千兆位以太网"通常是一种高速局域网，其网络数据传输速率大约为＿＿＿＿＿＿。

　　A. 1 000 bit/s　　　　　　　　　　B. 1 000 000 000 bit/s

　　C. 1 000 B/s　　　　　　　　　　 D. 1 000 000 B/s

6. FTP 是因特网中＿＿＿＿＿＿。

　　A. 用于传送文件的一种服务　　　　B. 发送电子邮件的软件

C. 浏览网页的工具　　　　　　　　D. 一种聊天工具

7. HTML 的正式名称是_____。

　　A. Internet 编程语言　　　　　　B. 超文本标记语言

　　C. 主页制作语言　　　　　　　　D. WWW 编程语言

8. IE 浏览器收藏夹的作用是_____。

　　A. 收集感兴趣的页面地址　　　　B. 记忆感兴趣的页面内容

　　C. 收集感兴趣的文件内容　　　　D. 收集感兴趣的文件名

9. Internet 实现了分布在世界各地的各类网络的互联，其最基础和核心的协议是_____。

　　A. HTTP　　　　B. TCP/IP　　　　C. HTML　　　　D. FTP

10. Internet 是目前世界上第一大互联网，它起源于美国，其雏形是_____。

　　A. CERNET 网　　B. NCPC 网　　C. ARPANET 网　　D. GBNKT

11. Internet 提供的最常用、便捷的通信服务是_____。

　　A. 文件传输（FTP）　　　　　　B. 远程登录（Telnet）

　　C. 电子邮件（E-mail）　　　　　D. 万维网（WWW）

12. Internet 网中不同网络和不同计算机相互通信的协议是_____。

　　A. ATM　　　　B. TCP/IP　　　　C. Novell　　　　D. X. 25

13. Internet 中，用于实现域名和 IP 地址转换的是_____。

　　A. SMTP　　　　B. DNS　　　　C. FTP　　　　D. HTTP

14. IPv4 地址和 IPv6 地址的位数分别为_____。

　　A. 4，6　　　　B. 8，16　　　　C. 16，24　　　　D. 32，128

15. TCP 的主要功能是_____。

　　A. 对数据进行分组　　　　　　　B. 确保数据的可靠传输

　　C. 确定数据传输路径　　　　　　D. 提高数据传输速度

16. 传播计算机病毒的一大可能途径是_____。

　　A. 通过键盘输入数据时传入　　　B. 通过电源线传播

　　C. 通过使用表面不清洁的光盘　　D. 通过 Internet 网络传播

17. 从网上下载软件时，使用的网络服务类型是_____。

　　A. 文件传输　　　　　　　　　　B. 远程登录

　　C. 信息浏览　　　　　　　　　　D. 电子邮件

18. 对于众多个人用户来说，接入因特网最经济、最简单的方式是_____。

　　A. 局域网连接　　　　　　　　　B. 专线连接

　　C. 电话拨号　　　　　　　　　　D. 无线连接

19. 防火墙是指_____。

　　A. 一个特定软件　　　　　　　　B. 一个特定硬件

　　C. 执行访问控制策略的一组系统　D. 一批硬件的总称

20. 防火墙用于将 Internet 和内部网络隔离，因此它是_____。

    A. 防止 Internet 火灾的硬件设施

    B. 抗电磁干扰的硬件设施

    C. 保护网线不受破坏的软件和硬件设施

    D. 网络安全和信息安全的软件和硬件设施

2

第 2 部分

全国一级
MS Office 实训部分

第 6 章　Windows 系统实训

Windows 操作系统是微软公司开发的基于图形用户界面的窗口式操作系统，其操作方式简单、图形窗口操作界面友好、系统功能强大，用户对计算机的各种复杂的操作只需要通过单击鼠标就可以实现，目前已经成为计算机领域广泛使用的主流操作系统。

本章共安排了两个实训，分别是"Windows 10 基本操作"和"因特网的应用"。通过对这两个实训的学习，读者可以轻松掌握 Windows 的基本操作，能熟练地进行文件（文件夹）的创建、删除、移动、复制、修改属性等操作，学会设置 IE 浏览器，掌握邮件的收发，会使用搜索引擎等。

实训 1　Windows 10 基本操作

【实训目的】

1. 认识 Windows 10 图形用户界面。
2. 掌握 Windows 10 桌面的个性化设置方法。
3. 掌握文件夹的建立、删除、复制、移动和重命名方法。
4. 掌握文件和文件夹属性的设置方法。
5. 掌握快捷方式的建立和使用方法。

【实训内容】

（1）打开 ex1 文件夹，根据 ex1 文件夹的结构，完成相应操作。

① 在 ex1 文件夹下分别建立 WEN 和 HUA 两个文件夹。

② 在 WEN 文件夹中新建一个名为 XXJS.txt 的文件。

③ 在 XXJS.txt 中输入内容，内容如图 6-1 所示。

④ 将 XXJS.txt 文件的文件名改为"信息技术的发展趋势.txt"，并将该文件属性设置为"只读"属性。

⑤ 将 TA 文件夹中的 QUE.docx 文件复制到 HUA 文件夹中。

⑥ 为 YAN 文件中的 LAB.docx 文件建立名为 BAL 的快捷方式，存放在 PPT 文件中。

⑦ 搜索 ABC.pptx 文件，然后将其移动到 PPT 文件夹中。

信息技术的发展趋势

信息技术发展趋势主要如下。

1. 数字化、多媒体化

各种各样的信息被数字化，信息被转换为多媒体文件，由多媒体计算机、各种智能终端（包括智能手机、PAD等）进行处理，存储在本地或者云端，用户无论在世界的任何地方，都可以存取并使用这些信息。

2. 高速网络化

近年来，在信息技术发展的潮流中，5G、物联网、车联网等新兴技术相继出现，相关的新型基础设施建设也发展得如火如荼，这些新生事物也逐渐成为世界各国宽带网络发展的热点。

3. 智能化

传统的信息处理本身没有智慧，不具备智能，但是随着人工智能理论的发展和计算机算能力的提升，现在的生活中人工智能越来越多地走近我们的生活，各种信息存储、传输、处理的设备越来越智能化。

图 6-1　输入内容

⑧ 将 AA 文件夹中 ABC.docx 文件删除，并将 ABC.xlsx 文件属性设为"隐藏"。

（2）将桌面背景图片设置为自己喜欢的一幅图片。

（3）设置屏幕分辨率为"1 920×1 080"。

【知识点讲解】

（1）Windows 10 正常启动后，将呈现出平常所说的桌面，它是用户在日常使用中与操作系统最直接交流的区域（见图 6-2）。当打开一个文件或者应用程序时，就会出现一个窗口，窗口由搜索栏、菜单栏、工具栏、地址栏、状态栏、滚动条、工作区等部分组成。

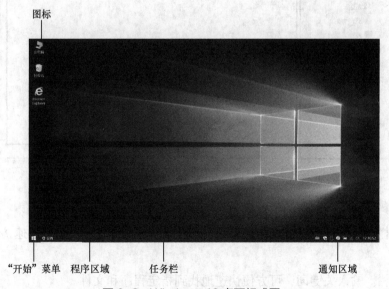

图 6-2　Windows 10 桌面组成图

① 系统启动后，桌面区域由如下部分组成。

a. 图标。它是磁盘驱动器、文件夹、文件等对象的快捷方式。用户可以通过双击图标执行相应的应用程序或打开相应的文件。

b. 任务栏。任务栏位于桌面最底部，主要由"开始"菜单、程序区域和通知区域组成。

c. "开始"菜单。是运行应用程序的入口，是执行程序最常用的方式。启动程序、打开最近使用的文档、改变系统设置、查找特定信息等，都可在"开始"菜单中选择相应的命令来完成。

d. 程序区域。显示正在运行的应用程序，将鼠标指向任务栏中某应用程序的图标时，任务栏上方会显示该程序所有打开窗口的缩略图，单击缩略图即可打开其对应的应用程序窗口。

e. 通知区域。显示时间，也可以包含快速访问程序的快捷方式，如音量控制、电源选项等。其他快捷方式也可能暂时出现，它们提供有关活动状态的信息，如将文档送到打印机后会出现打印机的快捷方式图标，在打印完成后该图标又自动消失。

② 单击桌面"此电脑"，打开"此电脑"窗口（见图 6-3）。主要介绍以下几种。

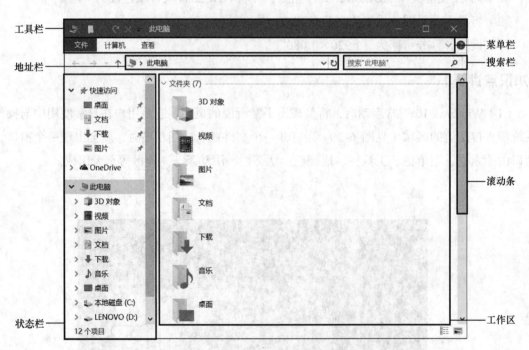

图 6-3　Windows 10 窗口图

a. 地址栏。显示当前访问位置的完整路径。

b. 工具栏。显示了当前窗口图标和查看属性、新建文件夹、自定义快速访问工具栏等三个按钮。

c. 搜索栏。输入关键词，可方便快速地找到指定程序和文件。

d. 工作区。列出了当前浏览位置包含的所有内容，如文件、文件夹等。

e. 状态栏。显示文件或文件夹的属性信息。

（2）更改桌面的背景，将背景设置为任意图片。

① 在桌面空白处单击鼠标右键，在弹出的快捷菜单中选择"个性化"命令，打开"个性化"窗口。

② 在"个性化"窗口,单击"背景"选项(见图 6-4)。Windows 提供了图片、纯色或幻灯片放映作为背景的设置。

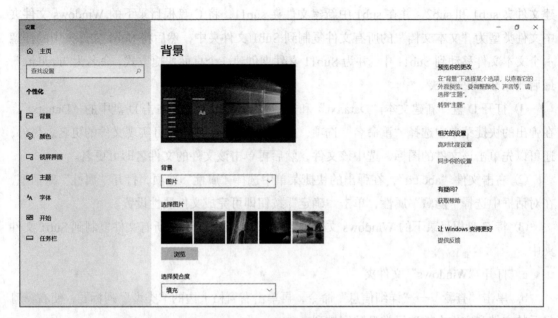

图 6-4 设置桌面背景图

(3)设置合适的屏幕分辨率。

① 在桌面空白处单击鼠标右键,在弹出的快捷菜单中选择"显示设置"命令。

② 打开"设置"窗口,在左侧列表中选择"显示"选项,进入显示设置界面。

③ 此时,用户可以看到右边是系统默认的分辨率,可以单击下拉按钮进行分辨率的设置(见图 6-5)。

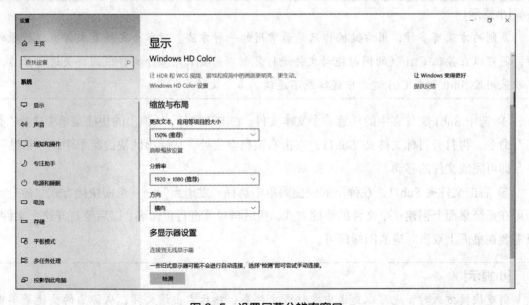

图 6-5 设置屏幕分辨率窗口

（4）文件和文件夹的基本操作。

在 D 盘新建文件 Data.txt，改名为 abc.txt ，并将该文件的属性设为"隐藏"。在 D 盘新建文件夹 sub1 和 sub2，并在 sub1 中新建文件夹 sub11，将 C 盘根目录下的 Windows 文件夹中文件类型为"文本文档"的所有文件复制到 Sub1 文件夹中，然后将 Sub1 文件夹中的任意一个文本文件移动到 Sub11 中，并为 Sub11 文件夹创建一个桌面快捷方式，命名为"mydata"，最后删除 Sub2 文件夹。

① 打开 D 盘，新建文本"Data.txt"和文件夹 sub1 和 sub2，右击 D 盘中的"Data.txt"，在弹出的快捷菜单中选择"重命名"选项，然后输入"abc.txt"即可实现文件的更名。另外，还可以先单击该文件的图标，选中该文件，然后再单击该文件的文件名即可更名。

② 右击文件"abc.txt"，在弹出的快捷菜单中选择"属性"选项，打开"属性"对话框，在对话框中选择"隐藏"属性，单击"确定"按钮即可完成文件属性设置。

③ 将 C 盘根目录下的 Windows 文件夹中"文本文档"类型的所有文件复制到 Sub1 文件夹中。

a. 打开"Windows"文件夹。

b. 单击"查看"→"详细信息"命令，再单击右窗格上边的"类型"列标题，使右窗口显示的文件和文件夹按项目类型顺序排列。

c. 单击第一个"文本文档"类型的文件，按住 Shift 键，再单击最后一个文件"文本文档"类型的文件，将目标文件选中。

d. 用右键单击选中的对象，从弹出的快捷菜单中选择"复制"命令，完成复制。

e. 打开目标文件夹 Sub1，在右窗格的空白处单击鼠标右键，从弹出的快捷菜单中选择"粘贴"命令，相应文件即复制到 Sub1 文件夹中。

[小提示]

复制的方法有多种，用右键操作只是最常用的一种方法。对单个文件或文件夹进行操作时，还可以在按住 Ctrl 键的同时拖动文件进行复制。若要针对多个文件或文件夹进行操作，可以采用按 Shift 键或 Ctrl 键选中连续或不连续的多个文件。

---

④ 选中 Sub1 文件夹中的任意一个文本文件。右击该文件，从弹出的快捷菜单中选择"剪切"命令。再打开目标文件夹 Sub11，右击右窗格空白处，从弹出的快捷菜单中选"粘贴"命令即可完成文件的移动。

⑤ 右击文件夹 Sub11，在弹出的快捷菜单中选择"发送到"→"桌面快捷方式"命令，即可在系统桌面上创建这个文件的快捷方式，然后再对其进行重命名。以后要打开这个文件，只需要在桌面上双击对应的图标即可。

[小提示]

创建快捷方式时，也可以先选中文件或文件夹，然后右击该文件，从弹出的快捷菜单中选择"创建快捷方式"命令，此时是在当前位置创建该文件或文件夹的快捷方式，然后再对该快捷方式进行更名或移动位置即可。

⑥ 选定要删除的文件夹 Sub2，然后按键盘上的 Delete 键，即可将 Sub2 文件夹删除。

[小提示]

需要注意的是，此时删除的文件并没有真正从硬盘中去除，而是放入了系统的"回收站"中。如果要恢复放入"回收站"中的文件，可以打开"回收站"，右击要恢复的文件，选中"还原"即可。如果要真正删除该文件，可以在按下 Delete 键的同时按下 Shift 键，或者在"回收站"中找到该文件，按 Delete 键即可。

[操作技巧]

利用组合键代替鼠标可使操作更简便，例如，Ctrl+C 组合键表示复制，Ctrl+X 组合键表示剪切，Ctrl+V 组合键表示粘贴，Ctrl+Z 组合键表示撤销。

实训 2　因特网的应用

【实训目的】

1. 掌握网页的保存。
2. 掌握利用 Outlook 如何接收邮件并保存。
3. 掌握利用 Outlook 如何发送邮件及附件。
4. 掌握利用 Outlook 如何回复邮件。
5. 掌握利用 Outlook 如何转发邮件。

【实训内容】

（1）查找一个网页文件，将它们分别保存为"htm"和"txt"文件。

（2）表弟小鹏考上大学，发邮件向他表示祝贺，E-mail 地址：zhangpeng_1989@163.com

主题：祝贺你高考成功!

内容：小鹏，祝贺你考上自己喜欢的大学，祝你大学生活顺利，学习进步，身体健康。

【知识点讲解】

1. 使用搜索引擎

（1）在任务栏的"开始"菜单中单击"Internet Explorer"选项，可打开 IE 浏览器。

（2）在浏览器的地址栏中输入百度的网址"http://www.baidu.com"，登录百度首页，如图 6-6 所示。

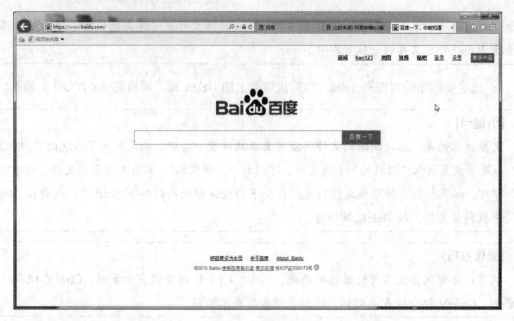

图 6-6 百度首页

（3）进入首页，在搜索栏内输入关键词"扬州市职业大学"，单击"百度一下"按钮。

（4）在搜索结果中选择"扬州市职业大学"官网链接，打开一个新选项卡并显示相应信息。

[操作技巧]

在搜索引擎中输入关键词是比较简单的查询方法，若有多个关键词，需在其间用空格间隔。另外，还可以借助一些符号来实现高级查询。例如，给要查询的关键词加上""，可以实现精确查询；在关键词前加上+，可以实现强制检索；在关键词前加上-，可以实现过滤检索。如果要搜索音乐，可以单击搜索栏上方的"音乐"链接，再输入要搜索音乐的关键词进行搜索。百度提供的搜索功能还有图片、视频、地图、文库搜索等。

2. 使用收藏夹

（1）打开 IE 浏览器，搜索"扬州市职业大学"，单击链接进入学校主页，如图 6-7 所示，在工具栏中单击"收藏夹"按钮。

（2）在弹出的面板中单击"添加到收藏夹"按钮，打开"添加收藏"对话框，此时默认添加收藏的网页名称为"扬州市职业大学"，也可对该网页更名。

（3）单击"添加"按钮，该网站就添加到收藏夹了。

3. Internet Explorer 常规设置

（1）双击桌面上的"Internet Explorer"图标，打开 IE 浏览器。单击页面右侧的"工具"
→"Internet 选项"→"常规"选项卡，选项卡中的"主页"栏可设置浏览器打开时首先连接的站点。可以通过在地址栏中输入地址来设定主页，还可以在连接到该站点后选择"使用当前页"选项。在"浏览历史记录"栏上单击"删除"按钮，可将以前浏览网页时输入的表单信息、密码和访问的网站信息清除掉。"常规"选项卡如图 6-8 所示。

图 6-7　学校主页

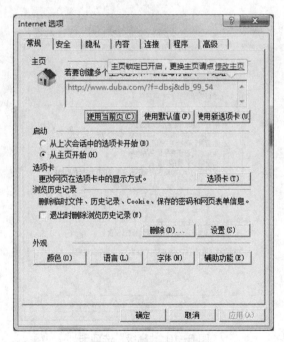

图 6-8　"常规"选项卡

（2）在"Internet 选项"对话框中选择"安全"选项卡，如图 6-9 所示。在上方的文本框中可以选择不同的区域，接着单击"站点"按钮，为不同的区域加上相应的站点地址，从而提高网络的安全性。

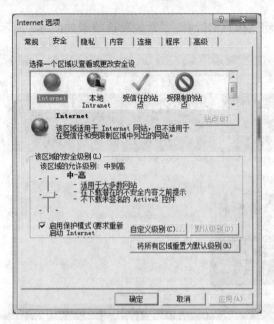

图 6-9 "安全"选项卡

（3）再选择"高级"选项卡，如图 6-10 所示。在此对话框中可以对 IE 浏览器进行一些高级设置，也可以单击"还原高级设置"按钮，将所有设置恢复到原始状态。

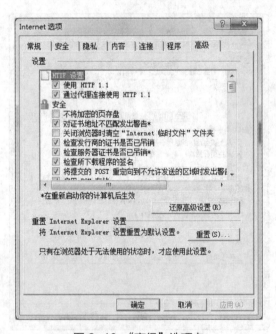

图 6-10 "高级"选项卡

（4）最后单击"确定"按钮，完成所有设置。

4. 网页保存

（1）打开浏览器，选择"工具"→"文件"→"另存为"选项，打开"保存网页"对话框。

（2）在对话框中选择适当的文件夹，"文件名"默认为原网页标题，"保存类型"默认为"网页，全部（*.htm；*.html）"，单击"保存"按钮。

5. 申请和使用电子邮箱

（1）申请电子邮箱

① 登录邮箱服务的网站，以网易为例，可提供以@163.com、@126.com 和@yeah.net 为后缀的免费邮箱。在地址栏输入 http://www.163.com 登录网易邮箱。也可在地址栏输入 http://email.163.com 直接进入网易邮箱的登录页面，如图 6-11 所示。

图 6-11 "邮箱"登录界面

② 在首页的导航菜单上单击"注册新账号"选项，进入邮箱注册页面。

③ 在注册页面，可选择"免费邮箱"或"VIP 邮箱"方式注册。以"免费邮箱"为例，如图 6-12 所示。

④ 填写邮件地址。如果邮件地址已经存在，则会提示"该邮件地址已被注册"，需要重新填写新的邮件地址，然后再选择邮箱的后缀 163.com。

⑤ 设置密码和手机号码。申请邮件地址时，选中"同意《服务条款》《隐私政策》和《儿童隐私政策》"。单击"立即注册"按钮，进入验证页面。

⑥ 页面显示"您的注册信息正在处理中…"，填写验证码，单击"提交"按钮。

⑦ 页面提示邮箱注册成功，单击"进入邮箱"按钮，可以收信或写信。

（2）撰写与发送电子邮件

① 申请好邮箱后，就可以使用邮箱收发电子邮件了。

② 在邮箱页面左窗口单击"写信"按钮，在"写信"页面中输入收件人的邮箱地址，输

入邮件主题（也可以省略），然后撰写正文。

图 6-12 "注册免费邮箱"界面

③ 正文写好后单击"发送"按钮，出现"正在发送"信息，然后页面提示"发送成功"。

④ 如果想要添加附件，单击"添加附件"按钮，在弹出的窗口中选择要添加的文件，如果文件较大或文件数量较多，可新建一个文件夹，把所有需要发送的文件放置在文件夹内，进行文件夹的压缩，再添加此压缩文件，以提高发送的速度。"发送邮件"界面如图 6-13 所示。

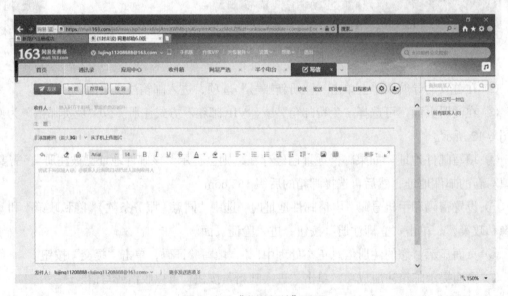

图 6-13 "发送邮件"界面

（3）接收与阅读电子邮件

① 在邮箱页面左窗口中单击"收信"按钮，右窗口可显示出收件箱中的邮件。"收件箱"

界面如图 6-14 所示。

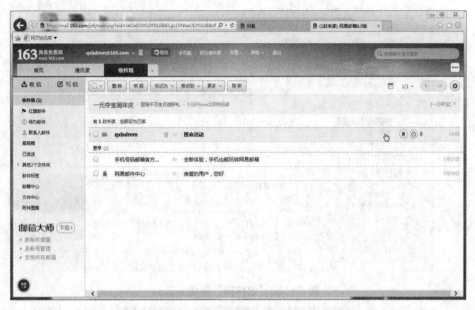

图 6-14　"收件箱"界面（一）

② 单击一封邮件的"主题"或"发件人"，就可以阅读相应的电子邮件。其中，✉表示"未读"，🗑 表示"删除邮件"，🏷表示"选择邮件标签"，◎表示"设置待办"，📎 表示"此邮件包含邮件"。

③ 如果收到的是一封带附件的邮件，阅读邮件时可选择附件预览、下载、存网盘等操作。

（4）回复电子邮件

打开相应主题的邮件，在右侧窗口的上方单击"回复"按钮，就可以回复邮件。

6．利用 Outlook 接收邮件并保存

（1）启动 Outlook 后，单击窗口左侧文件夹窗格中的收藏夹中收件箱图标，启动"收件箱"窗口（见图 6-15）。

（2）按题目要求选择邮件，双击打开邮件，单击"文件"选项卡中"另存为"命令，在弹出的对话框中选择题目要求保存的位置，填入需要保存的名称（见图 6-16）。

7．利用 Outlook 发送邮件及附件

（1）启动 Outlook 后，单击常用工具栏中的"新建电子邮件"按钮，出现图 6-17 所示的"创建电子邮件"窗口。

（2）窗口的上半部分为信头，在"收件人"文本框中输入收件人的邮件地址，下半部分为信体，输入邮件的内容。

（3）单击"插入"标签，选择"附加文件"命令，弹出图 6-18 所示的"打开"对话框，选择题目要求的文件，单击"打开"按钮，最后单击"发送"按钮。

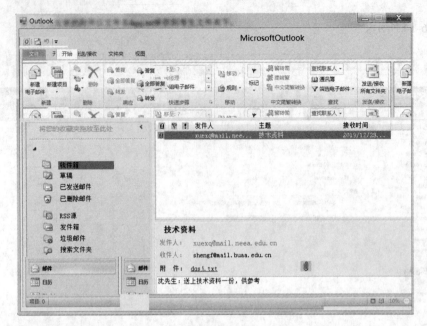

图 6-15 "收件箱"界面（二）

图 6-16 "另存为"对话框

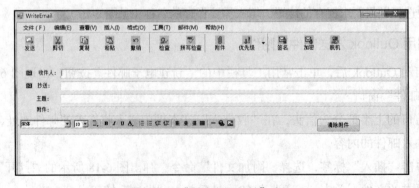

图 6-17 "创建电子邮件"窗口

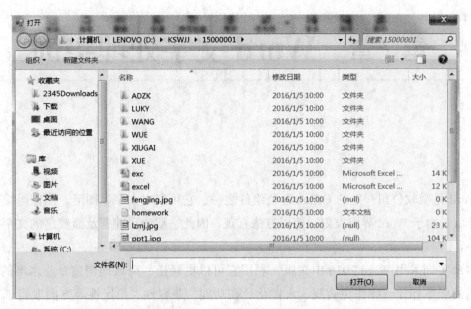

图 6-18　"打开"对话框

8. 利用 Outlook 回复附件

（1）选择需要回复的邮件，单击"答复"按钮，弹出回复对话框。

（2）在信体部分输入要回复的内容，若有附件，还可以插入附件，最后单击"发送"按钮即可。

9. 利用 Outlook 转发邮件

（1）选择需要转发的邮件，单击"转发"按钮，弹出"转发"对话框。

（2）在"收件人"文本框中输入发送地址，单击"发送"按钮。

第7章　Word 文字处理实训

Word 是微软公司开发的 Office 办公组件之一，它可以对文字、图形、图像等综合文档编辑排版。由于 Word 界面友好、使用方法直观，因此它成为目前普及面较广的文字处理软件之一。

本章实训采用 Word 2016 中文版，利用它可以更轻松、高效地创建专业水准的文档，与之前的版本相比，操作更直观、人性化，在功能、兼容性、稳定性等方面取得了明显的进步。

本章共安排了四个实训，分别是"文档的建立与编辑""表格处理""图文混排""word 综合练习"。通过对这四个实训的学习，读者应该熟悉和掌握 Word 中文字和段落的编辑与排版，页面、页眉页脚、分栏的设置，查找、替换功能的使用，绘图工具的使用，表格的绘制及处理，数学公式的编辑，艺术字、文本框的应用等。

实训 3　文档的建立与编辑

【实训目的】

1. 掌握文档的建立、保存与打开的方法。
2. 掌握一种汉字的输入方法。
3. 掌握文档的基本编辑方法。
4. 掌握页面设置及排版的方法。
5. 掌握文字和段落的格式化方法。
6. 掌握查找和替换功能的使用。
7. 掌握添加页眉、页脚的方法。
8. 掌握添加项目符号和编号的方法。

【实训内容】

完善 ex3 文件夹中的 WORD1.docx 文件，按照要求完成下列操作，文档效果如图 7-1 所示。

（1）给文章加标题：携手华为打造"智慧机场"。设置其格式为华文行楷、一号字、加粗、字体颜色为"橙色，个性色 6，深色 50%"，居中对齐，为标题文字设置 1.5 磅，深红色波浪线边框。

（2）设置正文文本为小四号楷体，字符间距为 0.3 磅。

（3）正文（除第 2 段外）设置为首行缩进 2 字符，所有正文段落的行距为 1.75 倍。

（4）删除正文第 8 段。

（5）正文第 4 段设置 1.5 磅红色边框，底纹的图案样式为浅色上斜线，图案颜色为"茶色，背景 2，深色 25%"。

（6）正文第 2 段设置首字下沉，要求下沉 2 行，字体为黑体，距正文 0.2 厘米。

（7）参考样张，更改正文 9~12 段的项目符号，项目符号位于 Wingdings 字符集，字符代码 70。

（8）将正文中所有"深圳机场"的字体设置为幼圆、加粗，并加绿色下划线。

（9）将正文的第 6 段分为偏左两栏，两栏间距为 2 字符，栏间加分割线。

（10）设置奇数页页眉为"携手华为"、偶数页页眉为"智慧机场"，所有页的页脚为页码，格式为"-页码-"，均居中显示。

（11）参照样张，为文档添加相应的页面边框。

（12）将文章的页面设置为 A4 纸，上、下页边距为 2.5 厘米，左、右页边距为 3 厘米，装订线位于上侧，装订线 0.5 厘米，每页 40 行，每行 38 个字符，应用于整篇文档。

（13）将编辑好的文章以文件名 WORD1、文件类型 docx 格式（*.docx）存放于 ex3 文件夹中。

图 7-1　文档效果

信息技术及应用

【知识点讲解】

1. 完善文档

（1）输入文档的内容

打开文档"ex3.docx"，在文末输入图7-2所示内容，段首不要空格，段尾按Enter键。

图像复原要求对图像降质的原因有一定的了解，一般讲应根据降质过程建立"降质模型"，再采用某种滤波方法，恢复或重建原来的图像。

图像分割是数字图像处理中的关键技术之一。图像分割是将图像中有意义的特征部分提取出来，其有意义的特征有图像中的边缘、区域等，这是进一步进行图像识别、分析和理解的基础。虽然目前已研究出不少边缘提取、区域分割的方法，但还没有一种普遍适用于各种图像的有效方法。因此，对图像分割的研究还在不断深入之中，是目前图像处理中研究的热点之一。图像描述是图像识别和理解的必要前提。作为最简单的二值图像可采用其几何特性描述物体的特性，一般图像的描述方法采用二维形状描述，它有边界描述和区域描述两类方法。对于特殊的纹理图像可采用二维纹理特征描述。随着图像处理研究的深入发展，已经开始进行三维物体描述的研究，提出了体积描述、表面描述、广义圆柱体描述等方法。

图像分类（识别）属于模式识别的范畴，其主要内容是图像经过某些预处理（增强、复原、压缩）后，进行图像分割和特征提取，从而进行判决分类。图像分类常采用经典的模式识别方法，有统计模式分类和句法（结构）模式分类，近年来新发展起来的模糊模式识别和人工神经网络模式分类在图像识别中也越来越受到重视。

图7-2 输入文档的内容

（2）保存文件

① 选择菜单"文件→保存"命令，或选择菜单"文件→另存为"命令，打开"另存为"对话框。

② 在"保存位置"下拉列表框中选择文件夹"ex3"，在"文件名"文本框中输入"ex3"，在"保存类型"下拉列表框中选择"Word文档"（见图7-3），最后单击"保存"按钮。

2. 文字和段落的格式化

（1）在文本前插入标题段"数字图像的处理"，将正文第8段从"图像描述是图像……"开始另起一段，将正文第4段移动到第2段后面。

① 将鼠标的光标移至文档首行行首并单击，使插入点切换到文档的起始位置，按Enter键。文档首行前即插入了一行空行。

② 将插入点切换到空行行首，输入标题"数字图像的处理"。

③ 在第8段"图像描述是图像……"前单击，按Enter键，使其另成一段。

④ 选定正文第4段文字（含段尾Enter符），选择"开始"选项卡，单击"剪贴板"选项组中的"剪切"命令；再将光标移动第3段段首，单击"开始"选项卡，单击"剪贴板"选

项组"粘贴"下方的小三角，打开下拉列表，选择"保留源格式"选项，效果如图 7-4 所示。

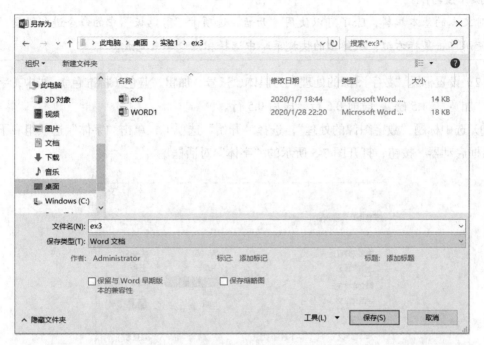

图 7-3　保存文件

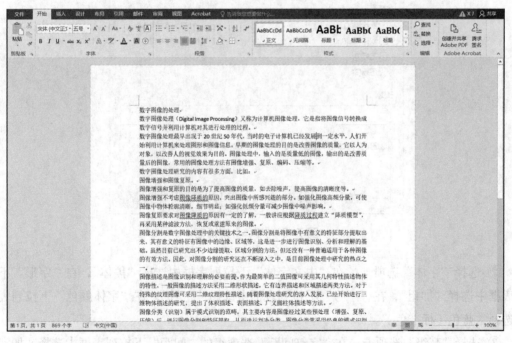

图 7-4　文本的基本编辑效果

[小提示]

"复制""移动""剪切"等编辑操作需要先"选定"，再进行相关操作。

[操作技巧]

对文本的基本编辑，除了可以使用"开始"选项卡"剪贴板"中的命令进行设置外，还可以使用单击鼠标右键，从弹出的快捷菜单中选择相应命令来完成。

（2）设置标题"数字图像的处理"为黑体、三号、加粗、蓝色（标准色）、居中，字符间距为"加宽""1.5磅"，段前0.5行，段后0.5行。

① 选中标题"数字图像的处理"，选择"开始"选项卡，单击"字体"选项组右下角的"对话框启动器"按钮，打开图7-5所示的"字体"对话框。

图7-5 "字体"对话框

② 选择"字体"选项卡，在"中文字体"下拉列表框中选择"黑体"，在"字形"下拉列表框中选择"加粗"，在"字号"下拉列表框中选择"三号"，在"字体颜色"下拉列表框中选择"蓝色（标准色）"。

③ 选择"高级"选项卡，在"字符间距"选项组的"间距"下拉列表框中选择"加宽"，磅值数值框中输入"1.5磅"，单击"确定"按钮。

④ 选中标题"数字图像的处理"，选择"开始"选项卡，单击"段落"选项组右下角的"对话框启动器"按钮，打开"段落"对话框。

⑤ 选择"缩进和间距"选项卡，在"常规"选项组的"对齐方式"下拉列表框中选择"居中"，在"间距"选项组的"段前"微调框中输入"0.5 行"，"段后"微调框中输入"0.5 行"，最后单击"确定"按钮（见图 7-6）。

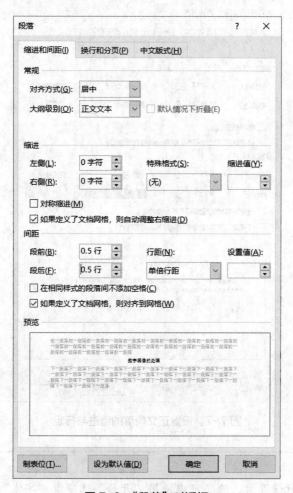

图 7-6　"段落"对话框

（3）将正文设置成首行缩进的特殊格式，缩进值为 2 字符，1.5 倍行距。

① 选中正文，选择"开始"选项卡，单击"段落"选项组右下角的"对话框启动器"按钮，打开"段落"对话框。

② 选择"缩进和间距"选项卡，在"缩进"选项组的"特殊格式"下拉列表框中选择"首行缩进"，"缩进值"微调框中设置为"2 字符"，在"间距"选项组的"行距"下拉列表框中选择"1.5 倍行距"，最后单击"确定"按钮（见图 7-7）。

[小提示]

在设置特殊格式首行缩进两个字符时，必须删除段落前的多余空格。

图 7-7 设置正文段落的缩进与行距

[操作技巧]

对文字的格式进行设置时，除了可以使用"开始"选项卡"字体"选项组中的"字体"对话框进行设置外，还可以使用"字体"选项组中的命令按钮进行更加快捷的设置。同样，对应段落的设置亦是如此。当然，掌握一些常用的组合键，如复制（Ctrl+C）、粘贴（Ctrl+V）、剪切（Ctrl+X）等就更方便了。

---

3. 查找和替换

将正文中所有"计算机"设置为方正舒体、加粗、红色。

① 光标定位在第一段段首，选择"开始"选项卡，单击"编辑"选项组中的"替换"命令，打开"查找和替换"对话框。

② 选择"替换"选项卡，在"查找内容"文本框中输入"计算机"，在"替换为"文本框中输入"计算机"。

③ 单击"更多"按钮，展开对话框，设置"替换为"文本框中的"计算机"格式为"方正舒体、加粗、红色"，在搜索范围下拉列表框中选择"向下"（见图 7-8），单击"全部替换"按钮，此时会弹出"Microsoft Word"提示框，如图 7-9 所示，单击"否"按钮。

图 7-8　文字查找和替换

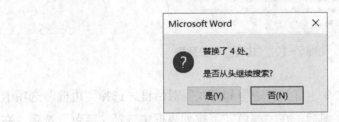

图 7-9　"Microsoft Word"提示框

[小提示]

注意题目中所要求替换的范围。如果是全文替换，那么将光标放在文档中任意位置，设置好查找和替换的内容及格式，选择搜索范围为"全部"，然后单击对话框中的"全部替换"按钮；如果是替换指定段落的内容，那么选中该段落，设置好查找和替换的内容及格式，选择搜索范围为"向下"，再单击"全部替换"按钮。而对话框中的"替换"按钮则是一个一个进行查找替换的。

[操作技巧]

设置替换的文字格式前，要确认已将光标移入"替换为"文本框中，如果误将查找内容设置为替换的格式，则会提示完成 0 处替换，此时应该将光标移入"查找内容"文本框中，然后单击如图 7-8 所示对话框中的"不限定格式"按钮，再进行替换。

4. 添加边框和底纹

（1）添加段落边框和文字底纹

① 选中正文的第 8 段文字，选择"开始"选项卡，单击"段落"选项组"边框"按钮右侧的向下小三角，打开下拉列表（见图 7-10）。

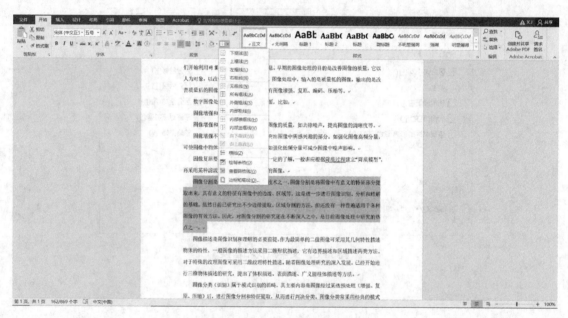

图 7-10 "边框"下拉列表

② 选择"边框和底纹"命令，打开"边框和底纹"对话框，选择"边框"选项卡，在"设置"选项组中单击"阴影"图标，在"颜色"下拉列表框中选择"蓝色"选项，在"宽度"下拉列表框中选择"1.0 磅"选项，在"应用于"下拉列表框中选择"段落"，选项（见图 7-11）。

③ 选择"底纹"选项卡中，在"填充"选项组的下拉列表框中选择"浅绿"，在"图案"选项组的"样式"下拉列表框中选择"5%"，在"应用于"下拉列表框中选择"段落"（见图 7-12），最后单击"确定"按钮。

（2）添加页面边框

① 选择"设计"选项卡，单击"页面背景"选项组中的"页面边框"按钮，打开"边框和底纹"对话框。

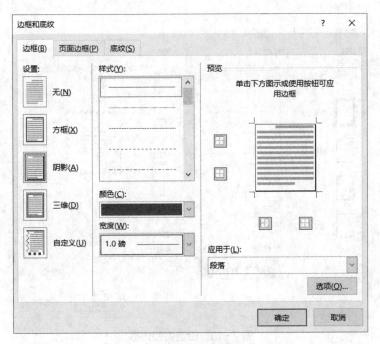

图 7-11　设置段落边框

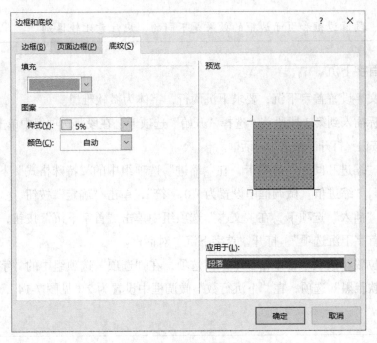

图 7-12　设置段落底纹

　　② 选择"页面边框"选项卡，在"设置"选项组中单击"方框"选项，在"艺术型"下拉列表框中选择图 7-13 所示的样式，在"应用于"下拉列表框中选择"整篇文档"，单击"确定"按钮。

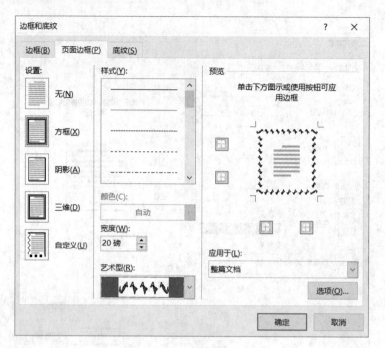

图 7-13　设置页面边框

5. 设置首字下沉

将第 1 段文字设置首字下沉，要求下沉两行，字体为微软雅黑。

（1）将光标插入到第 1 段段首，选择"开始"选项卡，在段落选项组中单击右下角的"对话框启动器"按钮，打开"段落"对话框。

（2）选择"缩进和间距"选项卡，在"缩进"选项组中的"特殊格式"下拉列表框中选择"首行缩进"，"缩进值"微调框中设置为"0 字符"，单击"确定"按钮。

（3）选择"插入"选项卡，在"文本"选项组中单击"首字下沉"按钮，在打开的下拉列表中选择"首字下沉选项"，打开"首字下沉"对话框。

（4）在"位置"选项组中单击"下沉"选项，在"选项"选项组中的"字体"下拉列表框中选择"微软雅黑"选项，在"下沉行数"微调框中设置为 2（见图 7-14），最后单击"确定"按钮。

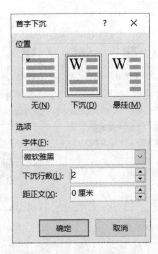

图 7-14　设置首字下沉

6. 设置分栏

将正文中最后一段分成偏右的两栏，栏间加分隔线，栏间距为 2.5 字符。

（1）选中正文中的最后一段文字，选择"布局"选项卡，单击"页面设置"选项组的"分栏"按钮，在打开的下拉列表中选择"更多分栏"命令（见图 7-15）。

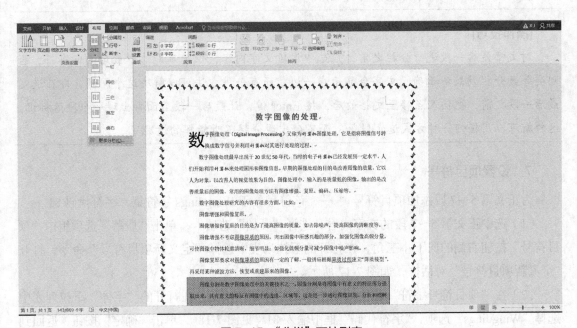

图 7-15　"分栏"下拉列表

（2）打开"分栏"对话框，在"预设"选项组单击"偏右"选项，"栏数"微调框设置为 2，勾选"分隔线"复选框，间距微调框中输入"2.5 字符"，最后单击"确定"按钮（见图 7-16）。

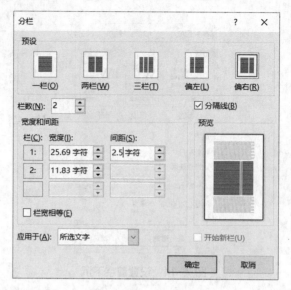

图 7-16　设置分栏

[小提示]

在已有"首字下沉"的段落中又要设置"分栏"时，注意正确选择文本，不要选中首字，否则会出现"分栏"命令不能使用的现象。

[操作技巧]

对文章最后一段进行分栏之前，应选中该段文字内容，但是不能选中最后的回车符，否则会导致分栏效果不正确，文字会显示在一边。还有一种方法可以解决这个问题，即在选定最后一段之前，把插入点移至文档最后，按 Enter 键，让最后一段后面再出现一个段落标记。这样就可以用任何一种方式选定段落，而不会出现分栏不听指挥的情况了。

7. 设置项目符号

为正文第 5～7 段添加项目符号"➜"，该符号位于 Wingdings 字符集，字符代码 81。

（1）选中正文第 5～7 段的文字内容，选择"开始"选项卡，单击"段落"选项组中"项目符号"按钮右侧的向下小三角，在打开的下拉列表中选择"定义新项目符号"命令，打开"定义新项目符号"对话框，如图 7-17 所示。

（2）在"项目符号字符"选项组中，单击"符号"按钮，在打开的"字体"下拉列表中选择"Wingdings"选项，"字符代码"框中输入 81（见图 7-18），单击"确定"按钮，返回到"定义新项目符号"对话框，再单击"确定"按钮。

8. 页眉、页脚

（1）选择"插入"选项卡，单击"页眉和页脚"选项组中的"页眉"按钮，打开如图 7-19 所示的"页眉"下拉列表。

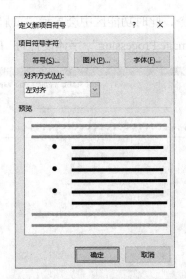

图 7-17　"定义新项目符号"对话框

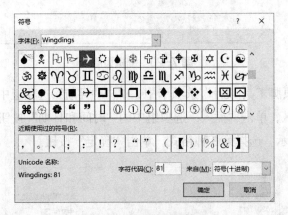

图 7-18　设置项目符号

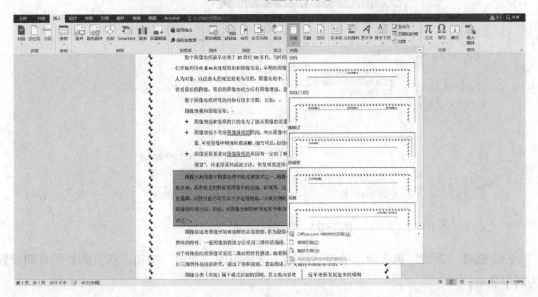

图 7-19　"页眉"下拉列表

（2）选择"编辑页眉"命令，此时功能区中会显示"页眉和页脚工具|设计"选项卡。在"页眉"编辑区中输入"Digital Image Processing"，字体设置为"Times New Roman"（见图7-20）。

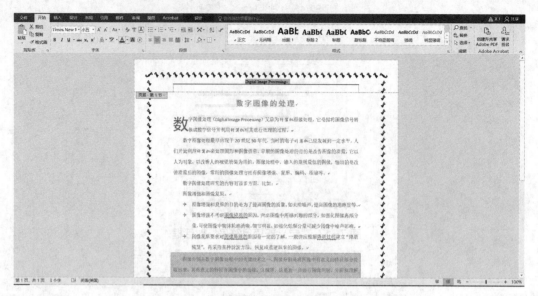

图 7-20　编辑页眉

（3）在"页眉和页脚工具|设计"选项卡中，单击"导航"选项组中的"转至页脚"按钮，切换到"页脚"编辑区，单击"插入"选项组中的"时间和日期"按钮，打开"日期和时间"对话框，如图7-21所示。选择第3种格式，单击"确定"按钮。

图 7-21　"日期和时间"对话框

（4）选择"开始"选项卡，单击"段落"选项组的"居中"按钮，将页脚处的日期设置为居中显示。

（5）编辑完成后，切换到"页眉和页脚工具|设计"选项卡，单击"关闭"选项组中的"关

闭页眉和页脚"按钮，返回到正文编辑状态。

9. 设置文档的背景

设置页面背景为填充羊皮纸纹理。

（1）选择"设计"选项卡，单击"页面背景"选项组中的"页面颜色"按钮，打开如图 7-22 所示的"页面颜色"下拉列表。

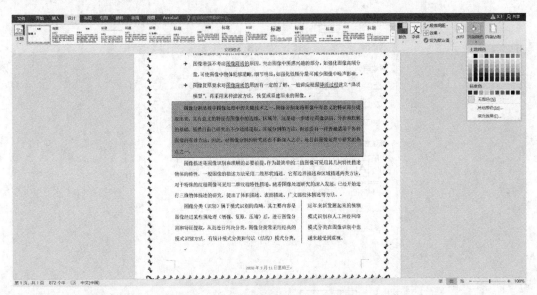

图 7-22　"页面颜色"下拉列表

（2）选择"填充效果"命令，打开"填充效果"对话框，选择"纹理"选项卡中的"羊皮纸"效果（见图 7-23），单击"确定"按钮。

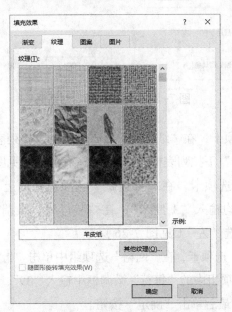

图 7-23　"填充效果"对话框

10. 页面设置

将纸张大小设置为 A4 纸，页边距为上、下各 2.5 厘米，左、右各 3 厘米，装订线左侧 0.2 厘米，每页 41 行，每行 39 个字符。

（1）选择"布局"选项卡，单击"页面设置"选项组右下角的"对话框启动器"按钮，打开"页面设置"对话框，如图 7-24 所示。

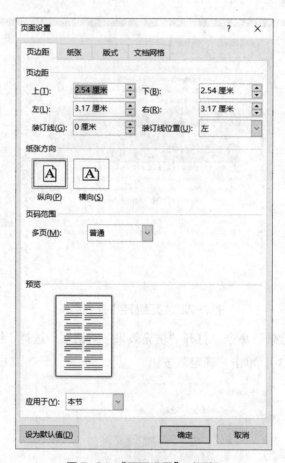

图 7-24 "页面设置"对话框

（2）选择"纸张"选项卡，在"纸张大小"选项组的下拉列表框中选择"A4"选项，在"预览"选项组的"应用于"下拉列表框中选择"整篇文档"（见图 7-25）。

（3）选择"页边距"选项卡，在"页边距"选项组中的上、下微调框中均输入"2.5 厘米"，左、右微调框中均输入"3 厘米"，在"装订线"微调框中输入"0.2 厘米"，在"装订线位置"微调框中选"左"（见图 7-26）。

（4）选择"文档网格"选项卡，在"网格"选项组中单击"指定行和字符网格"按钮（见图 7-27），在"字符数"选项组中的"每行"微调框中输入"39"，在"行数"选项组中的"每页"微调框中输入"41"，最后单击"确定"按钮。

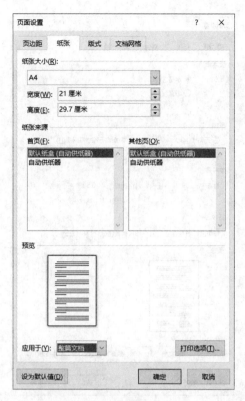

图 7-25　设置纸张大小

图 7-26　设置页边距

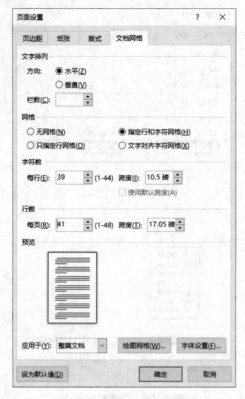

图 7-27 设置行和字符网格

[小提示]

如果不选中文字，在"页面设置"对话框中，左下角的"预览→应用于"下拉列表框中有三种选择：一是"整篇文档"；二是"插入点之后"；三是"本节"。一般情况下，默认选择"整篇文档"。当只对文档的某些段落进行设置时，可以将光标插入到该段落的起始位置，然后再选择应用于"插入点之后"。如果选中文字，则在"页面设置"对话框，左下角的"预览→应用于"下拉列表框中有另外三种选择：一是"所选节"；二是"所选文字"；三是"整篇文档"。

除了利用"页面设置"对话框实现页面设置外，也可利用"页面设置"选项组中的相关按钮完成页面设置。

[操作技巧]

对页面进行设置时，无须选中文字部分，只要将光标插入文本中任意位置即可。

---

11. 保存编辑好的文档

（1）完成以上编辑、排版后，文档效果如图 7-28 所示。

（2）将文档以原名保存。

选择菜单"文件→保存"命令。

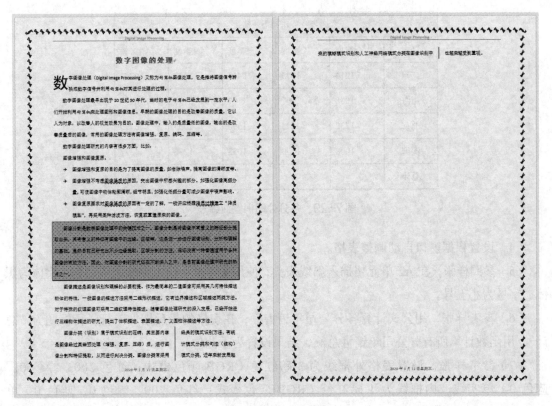

图 7-28　文档效果

实训 4　表格处理

【实训目的】

1. 掌握表格的创建方法。
2. 掌握表格的编辑方法。
3. 掌握表格中字体格式、边框和底纹格式的设置方法。
4. 掌握表格的计算与排序。
5. 掌握表格与文本转换的方法。

【实训内容】

完善 ex4 文件夹中的 WORD2.docx 文件，按下列要求编辑表格，效果如图 7-29 所示。

（1）在"四季度"的右边增加一列，列标题为"年销售额"。

（2）为表格加入表标题"各分公司销售业绩表"。标题文字设置为三号、加粗，字体为华文新魏。其余行文字设置为四号，字体为黑体。

（3）设置表格居中对齐，标题行和第一列左右居中，表格其余单元格内容中部右对齐。

各分公司销售业绩表					
分公司＼季度	一季度	二季度	三季度	四季度	年销售额
广州	1214	1843	2414	1312	6783
上海	1088	1097	1157	3156	6498
北京	1732	2043	1690	1005	6470
深圳	1008	1060	1053	1256	4377
总计					24,128

图 7-29　各分公司销售业绩表

（4）设置根据窗口自动调整表格。

（5）参照样张，在 A2 单元格插入斜线表头，使用文本框，输入斜线表头名称，字体为黑体、字号为小五号。

（6）参考样张，用公式计算各分公司年销售额；在表格的最后增加一行，行标题为"总计"，用函数计算所有分公司年销售总额，结果设置为千分位。

（7）参考样张，设置表格外框线为 3 磅红色（RGB 颜色模式：红色 200、绿色 0、蓝色 0）单实线、内框线为 1 磅红色（RGB 颜色模式：红色 200、绿色 0、蓝色 0）单实线。

（8）为标题行设置底纹，底纹的填充颜色为"橙色，个性色 6，淡色 80%"，图案样式为"5%"。

（9）按各分公司年销售额从高到低排序。

（10）将编辑好的文档以文件名"WORD2"，文件类型：docx 格式（*.docx），存放于 ex4 文件夹中。

【知识点讲解】

1. 创建表格

（1）新建一个文档，在其中插入一个 4 行 5 列的表格。

① 手动创建表格。选择"插入"选项卡，在"表格"选项组中单击"表格"按钮，在其下拉列表中选择"插入表格"命令，打开"插入表格"对话框，在"表格尺寸"选项组中设置好列数和行数，如图 7-30 所示。

② 自动创建表格。借助于自动创建表格功能，可以插入简单的表格。选择"插入"选项卡，在"表格"选项组中单击"表格"按钮，用鼠标指针在出现的示意表格中拖动，以选择表格的行数和列数，同时在示意表格上方显示相应的行、列数。选定所需行、列数后，释放鼠标按键即可，如图 7-31 所示。

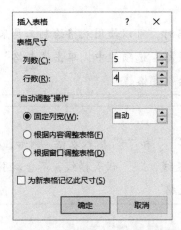

图 7-30　"插入表格"对话框

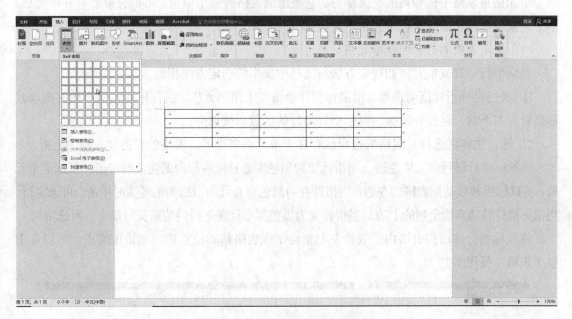

图 7-31　拖动鼠标指针创建表格

（2）在创建的表格中，输入如图 7-32 所示的内容。

学号	姓名	高数	英语	计算机
1001	张文	84	80	82
1002	李丽	77	81	72
1003	王威	70	74	68

图 7-32　输入表格内容

（3）将文档命名为"学生成绩表.docx"，并保存在 ex4 文件夹中。

[小提示]

当用户要创建不规则的表格时，可以使用表格绘制工具来创建表格，如在表格中添加斜线等。在"插入"选项卡的"表格"选项组中，单击"表格"按钮，选择下拉列表中的"绘制表格"命令，即可根据需要绘制表格。

[操作技巧]

可以用键盘上的两个字符"＋"和"－"输入表格。例如，在文档中输入类似下面的字符："＋－＋－＋－＋"（"＋"号代表竖线，"－"代表横线，不含双引号），输入完成后，按下 Enter 键，即可插入一个 1 行 3 列的表格。

2．表格的编辑与格式化

单元格是表格中行和列的交叉部分，它是组成表格的最小单位，可拆分或者合并单元格。单个数据的输入和修改都在单元格中进行。

（1）选定表格的行、列或单元格

表格中行、列或单元格的选定方法与文档中文本的选定方法相似。

① 通过鼠标指针拖动选择。用鼠标指针单击左上角单元格，按住鼠标左键不放并拖动鼠标指针到右下角，再松开鼠标，鼠标指针经过的区域则被选中。

② 通过选定区选择。表格的选定区存在于单元格左边界、表格的左边和表列的上边。

将鼠标指针移到单元格左边，当指针变为黑色实心且向右指向的箭头时单击，可选定单元格；将鼠标指针移动到表格的左边，当指针变为黑色空心且向右指向的箭头时单击，可选定行；当鼠标指针移动到选定列的上边，当指针变为黑色实心且向下指向的箭头时单击，可选定列。

将鼠标指针移动到表格内，表格左上角会出现表格移动控点⊞。单击该控点，可以选中整个表格（见图 7-33）。

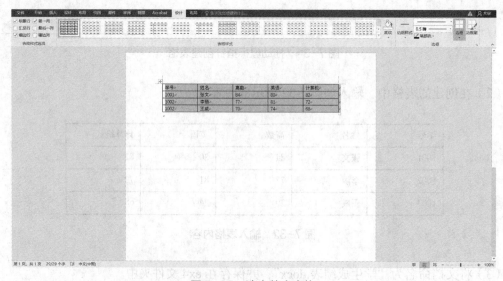

图 7-33　选定整个表格

③ 通过表格工具选择。在表格内任意单元格单击，选择"表格工具|布局"选项卡，单击
"表"选项组中的"选择"按钮，在下拉列表中选择相应的命令（见图 7-34）。

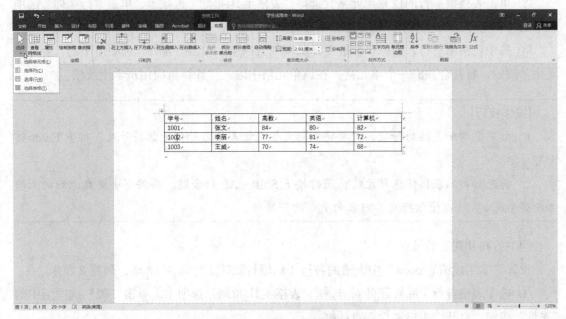

图 7-34　"表格工具|布局"选项卡

（2）表格的拆分与合并

① 将光标插入表格的任意单元格中，选择"表格工具|布局"选项卡，单击"合并"选项
组的"拆分表格"按钮，将其分成两个表格。

② 单击下面一个表格左上方的移动控点⊞，选中该表格进行"剪切"，将光标移到上面
一个表格的下方，选择"开始"选项卡，单击"剪切板"选项组的"粘贴"按钮，在下拉列
表中单击"合并表格"按钮，完成两个表格的合并工作。也可通过单击鼠标右键，在快捷菜
单中选择"合并表格"按钮。

[操作技巧]

1. 同一文档有多个表格合并时，只要把鼠标定位于两个表格中间的空行，按下 Delete
键将空行删除，那么这两个表格就会自动合并成一个。

2. 拆分表格时，可以在定位鼠标之后，按下 Ctrl + Shift + Enter 组合键，就可将表格一
分为二。如果希望分出来的第二个表格放到下一页中单独显示，那么只需按下 Ctrl + Enter 组
合键即可。

（3）表格行、列的添加与删除

在"学生成绩表.docx"中表格的右侧增加一个"总分"列，在表格的第一行上面增加标
题行，输入标题"计算机应用班学生成绩表"。

① 单击表格最后一列的任意单元格，选择"表格工具|布局"选项卡，单击"行和列"选

项组中的"在右侧插入"按钮，则在光标所在列的右侧插入一列，在新插入列的第一行单元格中输入"总分"。

② 单击表格第一行的任意单元格，选择"表格工具|布局"选项卡，单击"行和列"选项组中的"在上方插入"按钮，则在光标所在行的上方插入一行。

③ 选中表格第一行，选择"表格工具|布局"选项卡，单击"合并"选项组中的"合并单元格"按钮，将其合并成一个单元格，在该单元格中输入"计算机应用班学生成绩"。

[操作技巧]

1. 如果要增加表格的行数，只要将光标定位在该表格右外侧段落符号处，按下 Enter 键即可。

2. 将光标插入表格任意单元格，同时按下 Shift + Alt 组合键，再按下小键盘上的向上的方向键↑或↓，可以使该行及其内容向上或向下移动。

（4）行高和列宽的设置

设置"学生成绩表.docx"中表格的各行（标题行除外）行高为18磅，列宽2厘米。

① 选中表格各行（除标题外），选择"表格工具|布局"选项卡，单击"表"选项组中的"属性"按钮，打开"表格属性"对话框。

② 选择"行"选项卡，在"尺寸"区域选中"指定高度"，微调框中输入18磅，再选择"列"选项卡，选中"指定宽度"，设为2厘米，最后单击"确定"按钮。

[小提示]

1. 若只要清除表格、行或列中的数据但保留表格，可先选中要删除内容的表格、行或列，按下键盘上的 Delete 键即可实现。

2. 在 Word 中表格可以调整为"最合适列宽"，将鼠标指针移至需要调整为"最合适列宽"列右侧边框处，此时鼠标指针呈双向箭头状，双击一下鼠标左键，则相应的列宽即刻调整至"最合适列宽"。如果选中整个表格进行上述操作，即可将整个表格的列设置为"最合适列宽"。

（5）绘制表格

① 单击"插入"选项卡"表格"组中的"表格"按钮，在下拉列表中单击"绘制表格"命令。

② 此时，鼠标指针由空心箭头变成笔形状。拖动鼠标指针到合适的大小后松开，则绘制出一个直线表格外框。

③ 根据需要继续拖动鼠标指针，可以画出表格中的行线条与列线条，最终绘制出一个表格。

④ 如要绘制斜线表头，可以将光标定位到对应单元格中，选择"表格工具|设计"选项卡，

单击"边框"选项组中"边框"按钮,在下拉列表中选择"斜下框线"或"斜上框线"命令即可(见图 7-35)。

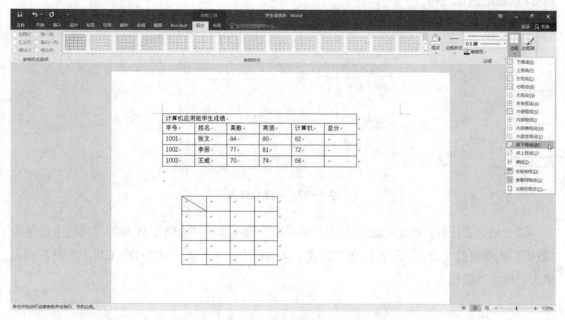

图 7-35　"绘制表格"命令

⑤ 如要清除表内某条线,选择"表格工具|布局"选项卡,单击"绘图"选项组中"橡皮擦"按钮,鼠标指针由空心箭头变成橡皮形状,在线条上单击,可以擦除该线条。

3. 表格的数据计算及排序

打开"学生成绩表.docx",计算表中所有学生的总分,并将总分按从低到高排列。

(1)用函数计算。单元格地址的格式为列号+行号,列号用字母表示,行号用数字表示(见图 7-36)。例如,B3 指的是第 B 列第 3 行。

A	B	C	D
	B3		

图 7-36　单元格地址示意图

将光标定位到 F3 单元格,选择菜单"表格工具|布局"选项卡,单击"数据"选项组的"公式"按钮,打开图 7-37 所示对话框,在"公式"文本框中输入"=SUM(LEFT)",单击"确定"按钮,公式"=SUM(LEFT)"表示对左边数据求和。其中,SUM 是求和函数,括号中

表示数据范围，数据范围可以是 LEFT（计算左边的数据）、ABOVE（计算上边的数据）等；数据范围也可用单元格区域表示，本例的文本框中也可输入"=SUM(C3:E3)"，表示求出 C3 到 E3 区域的数据之和。

图 7-37　用函数计算

（2）用公式计算。将光标定位到 F3 单元格，选择菜单"表格工具|布局"选项卡，单击"数据"选项组的"公式"按钮。在"公式"文本框中输入公式"=C3+D3+E3"（见图 7-38），单击"确定"按钮。

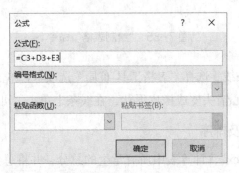

图 7-38　用公式计算

（3）求出 F4 和 F5 单元格的值。

（4）选择 F2：F5 单元格区域，选择"表格工具|布局"选项卡，单击"数据"选项组的"排序按钮"，打开"排序"对话框。

（5）单击"列表"选项组的"有标题行"单选按钮，"主要关键字"为"总分"，选中"升序"单选按钮（见图 7-39），最后单击"确定"按钮。

[小提示]

1. 计算公式时，可通过"编号格式"来控制显示结果的小数位数。

2. Word 是通过"域"来完成数据计算功能的，因此在表格中修改了有关数据之后，Word 不会自动进行刷新。为解决这一问题，可以先选定需更改的域，然后再按下 F9 键，Word 即会更改计算结果。

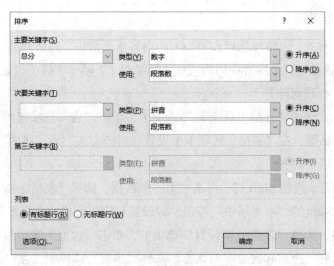

图 7-39　"排序"对话框

[操作技巧]

在计算所有学生总分时，可先将光标定位到在 F3 单元格，选择"表格工具|布局"选项卡，单击"数据"选项组中的"公式"按钮，输入"=SUM（LEFT）"后，单击"确定"按钮。其后有以下两种操作方法。

方法一：复制 F3 单元格，粘贴到 F4：F5 单元格区域，再按 F9 键进行重新计算。注意，此时的数据范围只能用"LEFT"，不能用"B3:D3"，否则按 F9 键计算后数据不变。

方法二：选择 F4 单元格，单击窗口左上角的快速访问工具栏中的"重复公式"按钮（见图 7-40），粘贴到 F4:F5 单元格区域，按 F9 键，可计算出其他学生的总分。

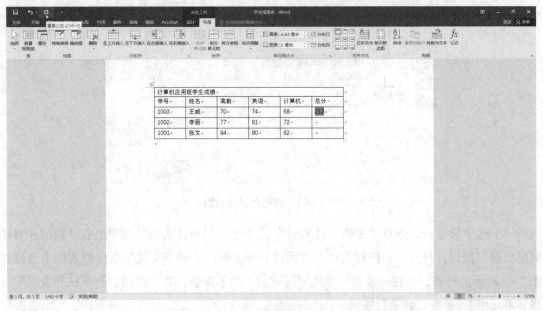

图 7-40　"重复公式"按钮

4．设置表格边框

设置表格居中对齐，表格标题行和第一列的内容水平居中，表格外框线为浅蓝（标准色）1.5 磅单实线，标题行与其余内容中间为浅蓝（标准色）1 磅单实线，设置"深蓝，个性 1，淡色 80%"底纹（标题行除外）。

（1）选中表格，选择"表格工具|布局"选项卡，单击"表"选项组的"属性"按钮，打开"表格属性"对话框，在"表格"选项卡中设置"对齐方式"为"居中"，单击"确定"按钮，即设置表格为居中对齐。

（2）选中标题行，按住 Shift 键，再选中第一例数据，选择"表格工具|布局"选项卡，单击"对齐方式"选项组的"水平居中"按钮，即设置相应单元格的文字水平居中。

（3）选中表格，选择"表格工具|设计"选项卡，单击"边框"选项组右下角的"对话框启动器"按钮，打开"边框和底纹"对话框，选择"边框"选项卡，在"设置"选项组中单击"自定义"按钮，在"颜色"和"宽度"下拉列表框中选择图 7-41 所示的样式，再在"预览"中单击选定区域的上边框、下边框、左边框、右边框按钮，在"应用于"下拉列表框中选择"表格"，单击"确定"按钮。

图 7-41　表格外框线设置

（4）选中标题行，选择"表格工具|设计"选项卡，单击"边框"选项组右下角的"对话框启动器"按钮，打开"边框和底纹"对话框，在"颜色"和"宽度"下拉列表框中选择如图 7-42 所示的样式，再在"预览"中选定区域的下边框按钮，在"应用于"下拉列表框中选择"单元格"，单击"确定"按钮。

（5）选择除标题行外的其余行，选择"表格工具|设计"选项卡，单击"表格样式"选

项组的"底纹"下拉按钮，在下拉框中单击"深蓝，个性 1，淡色 80%"按钮，给表格加上底纹。

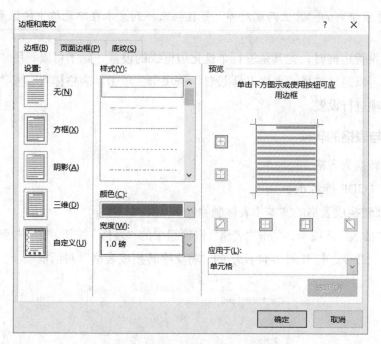

图 7-42　表格内框线设置

（6）将编辑好的表格保存，效果如图 7-43 所示。

计算机应用班学生成绩					
学号	姓名	高数	英语	计算机	总分
1003	王威	70	74	68	212
1002	李丽	77	81	72	230
1001	张文	84	80	82	246

图 7-43　编辑好的表格

5. 自动套用表格样式

设计了一个表格之后，可方便套用 Word 中已有的样式。

单击表格中的任一单元格后，将鼠标指针移至"表格工具|设计"选项卡中"表格样式"选项组内，鼠标指针停留在哪个样式上，其效果就自动应用在表中，单击鼠标，就完成了自动套用表格样式。

[小提示]

表格居中和表格中的文本居中不同，应注意区别。

[操作技巧]

表格中的文字可以在单元格中按不同对齐方式排列，使用"表格工具 | 布局"选项卡上的"对齐方式"选项组内的"靠上两端对齐"等按钮来排列文本在单元格中的位置。

在为表格设置边框时，尤其是进行个性化边框线的设置，除了可以利用"边框和底纹"对话框外，还可以通过选择"表格工具|设计"选项卡，单击"表格样式"或"边框"选项组中"边框"选项进行设置。

6. 文本与表格的转换

（1）文本转换为表格

打开文档"GDP 排名.docx"。

① 选定要转换成表格的文本（表标题除外）。

② 选择"插入"选项卡，单击"表格"选项组中的"表格"按钮，在下拉列表中选择"文本转换成表格"命令，打开图 7-44 所示的"将文字转换成表格"对话框。

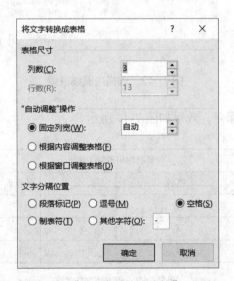

图 7-44 "将文字转换成表格"对话框

③ 设置"将文字转换成表格"对话框中"表格尺寸"选项的"列数"为 3。

④ 单击"确定"按钮，即可将文本转换为表格，转换后的效果如图 7-45 所示。

（2）表格转换为文本

① 打开"人均支出.docx"，选中整个表格，选择"表格工具|布局"选项卡，单击"数据"选项组中的"转换为文本"按钮。

② 弹出"表格转换为文本"对话框，在"文字分隔符"选项组中选择"逗号"单选按钮，也可以选择"段落标记""制表符"或者"其他字符"单选按钮。

1	苏州	4152.12
2	南京	3112.17
3	无锡	2697.68
4	南通	2000.16
5	常州	1692.18
6	徐州	1575.67
7	盐城	1364.11
8	扬州	1305.65
9	泰州	1285.4
10	镇江	1152.12
11	淮安	862.96
12	连云港	650.15
13	宿迁	625.45

图 7-45　"文字转换为表格"效果图

③ 单击"确定"按钮，即可将表格转换成文字。转换后的效果如图 7-46 所示。

地区, 调查户数/户, 食品, 衣着, 居住, 医疗保健, 交通通信, 其他
南　京, 1500, 5679, 1423, 1158, 1199, 2033, 4381
无　锡, 550, 5717, 1525, 1514, 1011, 2195, 3656
徐　州, 1000, 3317, 1111, 760, 726, 1085, 2425
常　州, 600, 5375, 1565, 1059, 1192, 2620, 3882
苏　州, 870, 5919, 1609, 1521, 812, 2761, 4498
南　通, 800, 4336, 1326, 883, 656, 1334, 3373
连云港, 600, 3343, 1066, 886, 566, 987, 2181
淮　安, 800, 3459, 1006, 804, 602, 1096, 2459
盐　城, 900, 3842, 1165, 903, 537, 1181, 2750
扬　州, 660, 4274, 1316, 913, 640, 1061, 3236
镇　江, 600, 4731, 1479, 1094, 695, 935, 3262
泰　州, 700, 4164, 1341, 967, 589, 997, 3146
宿　迁, 600, 2869, 980, 601, 402, 821, 1768

图 7-46　"表格转换为文字"效果图

实训 5　图文混排

【实训目的】

1. 掌握图片的插入和编辑方法。
2. 掌握艺术字的插入方法。
3. 掌握文本框的使用方法。

4. 掌握公式的输入方法。

5. 掌握 SmartArt 图形的插入方法。

6. 掌握图文混排的排版方法。

7. 掌握插入脚注和尾注的方法。

【实训内容】

完善 ex5 文件夹中的 WORD3.docx 文件，按下列要求进行操作。文档效果如图 7-47 所示。

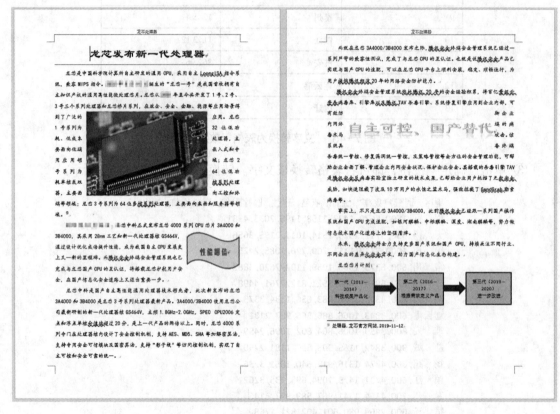

图 7-47　文档效果

（1）标题文字设置为隶书、一号、加粗，字符间距加宽 2 磅，标题段后间距 0.5 行；正文文字为小四号楷体。

（2）设置正文每段首行缩进 2 字符，1.5 倍行距。

（3）设置页眉为"龙芯处理器"，居中显示。

（4）在标题下方加一条红色、1.5 磅的横线。

（5）参考样张，在第 1 段适当位置插入图片"龙芯.jpeg"，图片来自于 ex5 文件夹中，设置图片大小为高度缩放 60%、宽度缩放 60%，环绕方式为四周型，水平对齐方式为 "居中"，并为图片添加 1.5 磅圆点边框。

（6）参考样张，在第 2 段适当插入自选图形"波形"，并输入文字"性能翻倍"，字体为方正姚体、三号字、加粗、红色，并设置自选图形线条为红色，2.25 磅，填充为黄色，环绕方式为四周型，右对齐。

（7）在第 5 段插入艺术字"自主可控、国产替代"，艺术字样式为"渐变填充-水绿色，着色 1，反射"（第 2 行第 2 列），将字体设置为隶书、小初号，艺术字效果为"斜面"棱台，文本填充为"黄色"，环绕方式为紧密型，且居中显示。

（8）在第 1 段的"主要面向桌面和服务器等领域。"之后，插入尾注，尾注的位置为"文档结尾"，编号格式为"①，②，③…"，内容为"处理器.龙芯官方网站.2019-11-12"。

（9）在文档末尾处，参照样张绘制下列图形，矩形形状轮廓为深蓝色，填充色为"蓝色，个性色 1，淡色 60%"，矩形内文字为宋体、五号，颜色为"黑色，文字 1"，右箭头形状轮廓和形状填充均为深蓝色，设置其环绕方式为上下型，居中（见图 7-48）。

图 7-48　绘制的图像

（10）将编辑好的文章以文件名 WORD3、文件类型 docx 格式（*.docx）存放于 ex5 文件夹中。

【知识点讲解】

1. 插入图片

打开 ex5 文件夹中的文档"ex5.docx"，在正文第 3 段插入图片"故宫博物院.jpg"。

将光标定位到正文第 3 段，选择"插入"选项卡，单击"插图"选项组中的"图片"按钮，打开"插入图片"对话框，选择 ex5 文件夹的图片"故宫博物院.jpg"，然后单击"插入"按钮，即可将图片插入文档中。

2. 编辑图片

设置图片高为 5 厘米，宽为 8 厘米，环绕方式为四周型、水平居中对齐，图片格式为阴影、向下偏移。

（1）选中图片，显示"图片工具|格式"选项卡，单击"大小"选项组右下角的"对话框启动器"按钮，打开"布局"对话框，如图 7-49 所示。

（2）在该对话框中，选择"大小"选项卡，先取消"锁定纵横比"复选框，在"高度"选项组中选择"绝对值"单选按钮，利用微调按钮设置高度为 5 厘米，同样的方式设置"宽度"为 8 厘米。

（3）选择"文字环绕"选项卡，在"环绕方式"选项组中单击"四周型"按钮，选择"位置"选项卡，在"水平"选项组中选中"对齐方式"单选按钮，单击其右侧的下拉列表，选择"居中"选项，最后单击"确定"按钮。

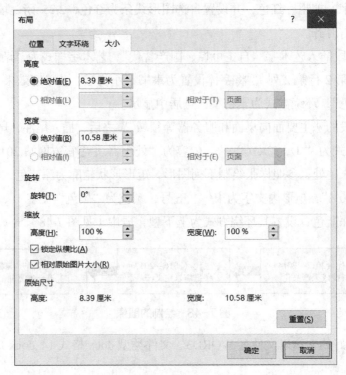

图 7-49 "布局"对话框

（4）右击图片，在快捷菜单中单击"设置图片格式"命令，当前窗口右侧显示"设置图片格式"任务窗格，如图 7-50 所示，选择"阴影"效果，在"预设"下拉列表中选择"向下偏移"。

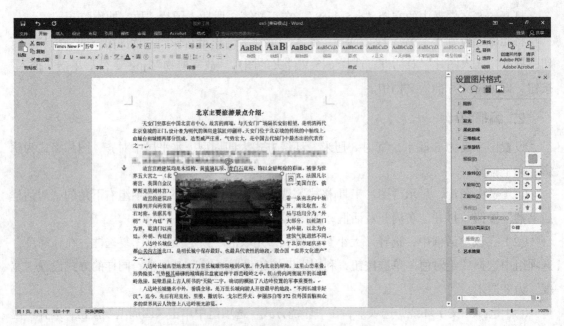

图 7-50 "设置图片格式"任务窗格

（5）图片编辑完成效果如图 7-51 所示。

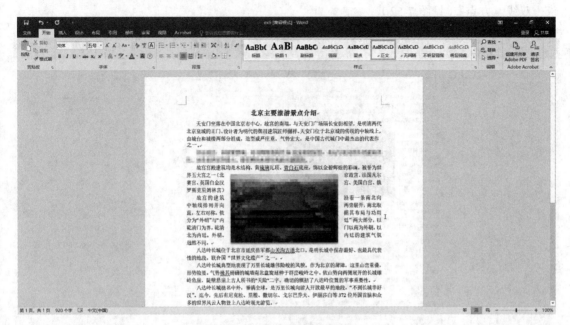

图 7-51　图片编辑完成效果

[操作技巧]

除了利用"大小"选项组中的"对话框启动器"打开"布局"对话框来设置图片的"大小""对齐方式""环绕方式"外，也可在"图片工具|设计"选项卡中通过"排列"和"大小"选项组中的相关按钮进行设置。

如果只是粗略地设置图片的大小和角度，用户可以通过 Word 提供的缩放功能控制其大小，还可以旋转图片。方法是：单击要缩放的图片，其周围会出现 8 个句柄。如果要横向或纵向缩放图片，则将鼠标指针指向图片四边的某个句柄上；如果要沿对角线缩放图片，则将鼠标指针指向图片四角的某个句柄上，然后按住鼠标左键，沿缩放方向拖动鼠标。另外，用鼠标拖动图片上的绿色旋转按钮，可以任意旋转图片。

3．插入文本框

在正文第 6 段插入一个竖排文本档。

（1）切换到"插入"选项卡，单击"文本"选项组中的"文本框"按钮，选择"绘制竖排文本框"命令，拖动鼠标绘制一个竖排文本框，功能区显示"绘图工具|格式"选项卡。

（2）在文本框中输入"世界文化遗产"，设置字体为楷体、小四、加粗、红色。

（3）选中文本框，选择"绘图工具|格式"选项卡，单击"形状样式"选项组右下角的"设置形状格式"按钮，打开"设置形状格式"任务窗格。

（4）在"线条颜色"选项中设置"橙色（标准色）、实线"，在"线型"选项中设置"2磅、双线、方点"（见图7-52）。

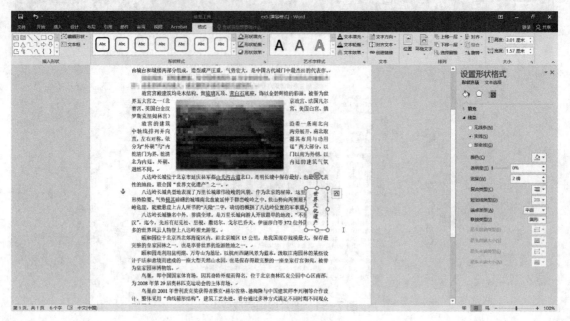

图7-52　文本框线型设置

（5）选中文本框，选择"绘图工具|格式"选项卡，单击"排列"选项组的"环绕文字"下拉列表，选择"紧密型环绕"。

[操作技巧]

文本框分横排和竖排，指的是文本框内文字是横向排列和纵向排列。若要在横排文本框中显示纵向排列文字，或在竖排中显示横向排列的文字，可以单击右键，在快捷菜单中选择"文字方向"命令进行设置。

除了利用"绘图工具|格式"选项卡的"排列"选项组和"大小"选项组设置文本框的"位置""文字环绕""大小"外，还可通过右击文本框，在快捷菜单中选择"其他布局选项"命令，打开"布局"对话框，进行相应设置。

4．插入艺术字

在正文第9段插入艺术字"旅游胜地"。

（1）单击第9段任意位置，选择"插入"选项卡，单击"文本"选项组中的"艺术字"按钮，在弹出的下拉列表中选择"渐变填充-紫色，着色4，轮廓-着色4"艺术字效果。第9段会出现"请在此放置您的文字"文本框，在该文本框内输入文字内容"旅游胜地"，并设置字体为方正粗黑宋简体，字号为小初。

（2）选中艺术字，在"绘图工具|格式"选项卡中，单击"大小"选项组右下角的"对话

框启动器"按钮，打开"布局"对话框，在"文字环绕"选项卡中设置其环绕方式为"紧密型"，在"位置"选项卡中设置其水平对齐方式为"居中"，单击"确定"按钮。

（3）在"绘图工具|格式"选项卡中单击"艺术字样式"选项组中的"文字效果"按钮，在打开的下拉列表中将艺术字设为"转换、停止"效果（见图 7-53）。

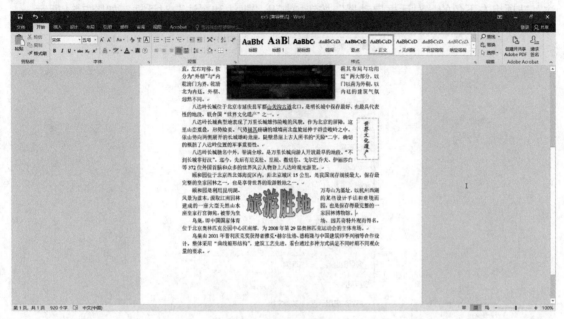

图 7-53　艺术字效果

[小提示]

在插入艺术字时，如果文档是".doc"或者".rtf"类型，在"插入"选项卡中，单击"文本"选项组的"艺术字"下拉列表打开"艺术字样式库"。如果文档为".docx"类型，则在"插入"选项卡中单击"文本"选项组的"艺术字"下拉列表打开"艺术字库"。

[操作技巧]

除了利用"设置艺术字格式"对话框来设置艺术字的"大小""对齐方式""环绕方式"等格式外，也可在"艺术字工具|格式"选项卡中通过相关选项组中的相应按钮进行设置。

5. 插入线条

在标题下方插入一条橙色、1.5 磅的横线。

（1）选择"插入"选项卡，单击"插图"选项组中的"形状"按钮，打开下拉列表。在"线条"选项组单击"直线"，光标变成实心十字，按住鼠标左键并拖动画出一条直线。

（2）选中直线，切换到"绘图工具|格式"选项卡，单击"形状样式"选项组右下角的启动按钮，打开"设置形状格式"任务窗格，设置线条颜色为橙色，粗细为 1.5 磅，关闭该任务窗格。

6. 插入脚注和尾注

为正文第 7 段的文字"不到长城非好汉"添加脚注,设置格式编号为"①,②,③,…",内容为"摘自《清平乐·六盘山》"。

（1）将光标定位到正文第 7 段"不到长城非好汉"的后面,选择"引用"选项卡,单击"脚注"选项组右下角的"对话框启动器"按钮,打开"脚注和尾注"对话框,如图 7-54 所示。

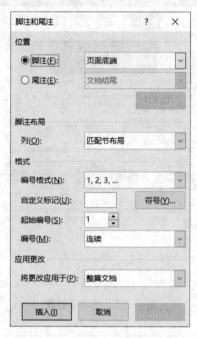

图 7-54 "脚注和尾注"对话框

（2）在"位置"选项组中选择"脚注"单选按钮,在其下拉列表框中选择"页面底端"选项。

（3）在"格式"选项组中的"编号格式"下拉列表框中选择"①,②,③,…"选项,然后单击"插入"按钮。

（4）在页面底端的光标闪烁处,输入"摘自《清平乐·六盘山》"。

[小提示]

脚注和尾注都是 Word 提供的一种注释方法。脚注位于页面底端,尾注位于文档末尾。

---

7. 绘制图形

打开 ex5 文件夹中的文档"求三角形面积.docx",用形状绘制的图形如图 7-55 所示。

（1）选择"插入"选项卡,单击"插图"选项组的"形状"按钮,在打开的下拉列表中单击"矩形"区域,选择圆角矩形,鼠标变成十字形状,在适当位置拖动鼠标,生成圆角矩形,此时功能区显示"绘图工具|格式"选项卡。选择"形状样式"选项组"形状填充"下拉

列表，设置为无填充颜色，"形状轮廓"为黑色、0.25 磅。

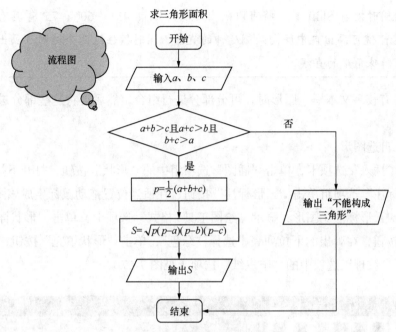

图 7-55　用形状绘制的图形

（2）右击圆角矩形，在快捷菜单中选择"添加文字"命令，输入文字"开始"。

（3）依次插入其他形状，输入相应的文字。

（4）在适当位置输入公式 $P = \dfrac{1}{2}(a+b+c)$ 、$S = \sqrt{p(p-a)(p-b)(p-c)}$ 。选择"插入"选项卡，单击"符号"选项组中的"公式"按钮，在下拉列表中选择"插入新公式"命令，此时功能区显示"公式工具|设计"选项卡，如图 7-56 所示。

图 7-56　"公式工具|设计"选项卡

（5）选择"符号"选项组和"结构"选项组中的按钮直接输入公式的内容。

（6）选择"开始"选项卡，单击"编辑"选项组中的"选择"按钮，在打开的下拉列表中选择"选择对象"命令，鼠标指针变成指向左上方的箭头，按住鼠标左键，拖选所有文本框及箭头，再单击鼠标右键，在快捷菜单中选择"组合→组合"命令。

[小提示]

如果框图的箭头上要显示文字，可插入文本框进行输入，这样便于和其他图形组合成一个整体。要注意的是，需将文本框设置为"无线条颜色""无填充颜色"。

[操作技巧]

画直线的同时按着 Shift 键，将可以画出 15°、30°、45°、60°、75° 等具有特殊角度的直线。按住 Ctrl 键可画出自中间向两侧延伸的直线，同时按住这两个键则可画出自中间向两侧延伸的具有特殊角度的直线。

当框图中有较多文本框、图形时，可分部分进行组合，然后再将这些部分进行组合，成为一个对象。

（7）插入自选图形。

① 选择"插入"选项卡，单击"插图"选项组中的"形状"按钮，打开下拉列表。

② 在"标注"选项组单击"云形标注"按钮，在适当位置拖动鼠标生成该图形。

③ 选中"云形标注"图形，显示"绘图工具 | 格式"选项卡，单击"形状样式"选项组"形状轮廓"按钮，在弹出的下拉列表中选择"绿色"，单击"形状填充"按钮，在弹出的下拉列表中选择"纹理"选项中的"羊皮纸"选项（见图 7-57）。

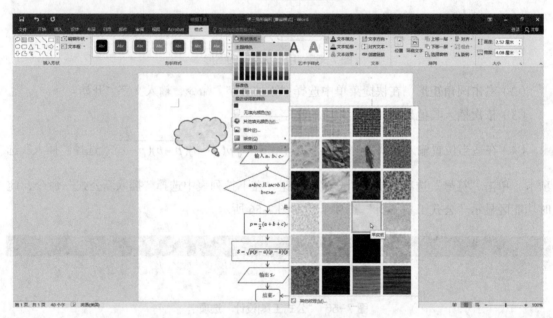

图 7-57 "云形标注"形状样式

④ 在云形标注内输入内容"流程图"，设置文字为幼圆、三号、深蓝色。

（8）单击窗口工具栏上的"保存"按钮。

8. 插入 SmartArt 图形

Word 2016 提供了用于使文档增加视觉效果的更多选项。使用 SmartArt 可将基本的要点句文本转换为引人入胜的视觉画面，以更好地诠释观点。

（1）选择"插入"选项卡，单击"插图"选项组的"SmartArt"按钮，打开如图 7-58 所示的"选择 SmartArt 图形"对话框。

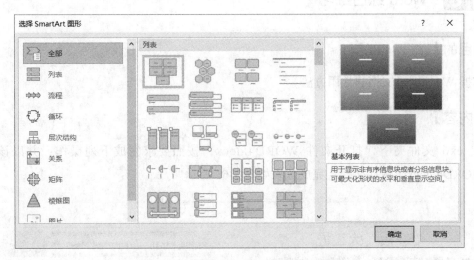

图 7-58　"选择 SmartArt 图形"对话框

（2）在"流程"选项中选择"基本流程"选项，单击"确定"按钮，并自动进入编辑 SmartArt 图形的"SmartArt 工具 | 设计"选项卡，如图 7-59 所示。

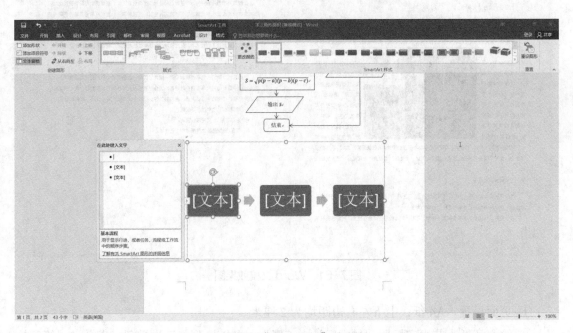

图 7-59　"SmartArt"选项卡

（3）单击 SmartArt 图形中的"文本"即可输入文字，完成效果如图 7-60 所示。

图 7-60　SmartArt 图形效果图

实训 6   Word 综合练习

【实训目的】

掌握 Word 编辑文档的常用方法。

【实训内容】

在 ex6 文件夹下，打开文件 WORD4.docx，按照要求完成下列操作，并以该文件名（WORD4.docx）保存文档，完成效果如图 7-61 所示。

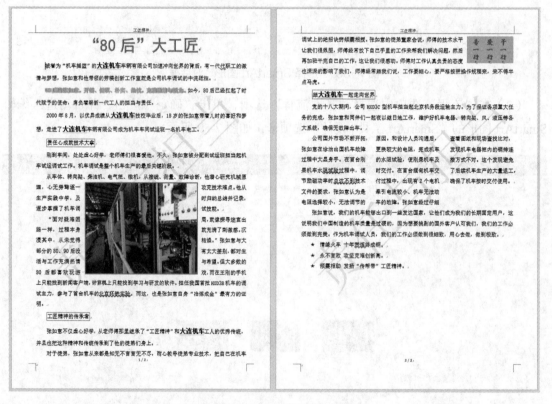

图 7-61   Word 文稿效果图

① 页面设置。A4 纸，上下左右边距均为 2 厘米。

② 给文章插入艺术字标题 "'80 后'大工匠"，样式为"填充-橄榄色，着色 3，锋利棱台"，字体为黑体、36 号，环绕方式为"上下型环绕"，居中显示，正文文字是小四号，宋体，正文每段首行缩进 2 字符，1.5 倍行距。

③ 为第 2 段第一句"80 后的张如意……激情与活力。"设置文本效果，为橙色轮廓，"外部、居中偏移"阴影。

④ 为正文第 4、8、11 段文字添加设为浅蓝色，1.5 磅方框。

⑤ 设置正文中的"大连机车"为四号，加粗，黄色双下划线。

⑥ 参考样张，在正文适当位置插入图片"车间.jpg"，高度 7 厘米，宽度 9 厘米，紧密型环绕，居中对齐，并为图片加边框，图片边框为浅蓝色，2.25 磅。

⑦ 参考样张，在正文中插入竖排文本框，内容为"干一行爱一行专一行"，字体为华文新魏、加粗、红色、三号，文本框为橙色填充、无轮廓，环绕方式为"紧密型、右对齐"。

⑧ 正文倒数第 2 段分三栏，栏间距为 2.2 字符。

⑨ 为文档设置页眉"工匠精神"，页脚设置"X/Y"格式页码，并居中显示。

⑩ 在文档最后输入三段文字，内容为"情缘火车 十年苦练终成钢""永不言败 攻坚克难创新高""倾囊相助 发扬'传帮带'工匠精神"，段落首行缩进 2 个字符，1.5 倍行距，并加项目符号，该符号位于 Wingdings 字符集，字符代码为 171。

⑪ 为页面添加文字水印，文字为"责任与担当"，颜色为"橄榄色，个性色 3，淡色 40%"，半透明，版式为"斜式"。

⑫ 将编辑好的文档以原名保存在 ex6 文件夹。

第 8 章　Excel 电子表格实训

Excel 是微软公司办公软件 Office 中的组件之一，是一个使用简单、功能强大的电子表格软件。利用 Excel 软件，可以存储、计算和分析各类数据，完成从简单的表格到复杂的数据处理等各种事务，利用其图表功能还可以将数据用图表直观地表示出来。

本章实训使用 Excel 2016 中文版。Excel 2016 是 Microsoft Office 2016 中文版的重要组成部分，具有如下主要功能和特点。

1. 数据输入和编辑功能

Excel 2016 的用户界面是以表格形式出现的，它提供的自动填充序列、自定义序列、拖动填充句柄快速填充，以及利用剪贴板进行移动、复制等方法，使得数据的输入和编辑非常方便和快捷。

2. 数据格式设置功能

Excel 2016 提供了单元格格式、自动套用格式、条件格式功能，可实现对数值、文字、日期及表格边框、图案等格式的设置，用户能够方便、快捷地制作、美化各种表格，制作各种报表。

3. 计算功能

在 Excel 2016 中，用户除可利用公式进行各种算术运算、逻辑运算、字符串运算等运算外，还可利用 Excel 提供的数学、财务、统计等类型的几百个内部函数对数据进行运算和分析。

4. 图表功能

Excel 2016 有十多种图表类型，每一类又有若干子类，用户可方便地创建各种图表，并可在图表上进行数据变化趋势分析，使数据更加直观、清晰。

5. 数据管理功能

在 Excel 2016 中还可对数据进行排序、筛选、分类汇总等操作，从而在对数据进行运算处理的同时对数据进行分析管理。

6. 数据共享

Excel 可与 Office 软件中的其他组件实现数据共享，甚至可以与其他数据库或数据处理软件实现数据共享，能够以 Web、电子邮件等形式通过网络实现共享。

Excel 管理的文档称为工作簿（文件的扩展名为.xlsx），工作簿中可包含不同类型的工作表。工作表是工作簿的组成部分，Excel 2016 版由 1 048 576 行、16 384 列组成，其中行号用数字 1～1 048 576 表示，列号用字母及其组合 A 到 XFD 表示，行和列的交叉处称为单元格。单元格是工作表的基本组成单位，输入的任何数据都存放在单元格中。

本章共安排了四个实训，分别是"工作表的编辑""数据处理""Excel 综合练习 1"和"Excel 综合练习 2"。通过对这四个实训的学习，读者可以轻松熟悉和掌握 Excel 2016 中数据的输入和编辑、数据格式化、利用公式和函数运算、图表的处理、数据排序、数据筛选、分类汇总和建立数据透视表等各种操作，以及如何与其他软件共享的方法。

实训 7　工作表的编辑

【实训目的】

1. 熟悉 Excel 2016 工作环境。
2. 掌握文字、数值、日期的输入方法及数据有效性的设置。
3. 掌握利用填充柄自动填充数据，熟悉序列数据的输入方法。
4. 熟悉工作表的管理方法。
5. 熟悉工作表中数据的编辑操作技术。
6. 掌握 Excel 表格中单元格的基本操作。
7. 掌握工作表中数据的格式设置方法。

【实训内容】

（1）打开 ex7 文件夹下的"职工信息.xlsx"，将 Sheet1 工作表更名为"职工工资表"。

（2）在"职工工资表"的第 1 行中插入标题"职工工资表"，设置标题为隶书、28 号字、深蓝色、加粗、合并居中（A-F 列）。

（3）设置表格中标题行为楷体、16 号，行高设为 25，列宽为 12，垂直、水平居中。其他内容为楷体、12 号，水平居中，行高设置为"自动调整行高"。

（4）"基本工资""奖金"字段设置为货币型，并将基本工资低于 1 800 元的使用浅红色填充，为基本工资高于平均值的单元格设置字形倾斜、字体颜色为蓝色，背景颜色为 RGB 模式（红色 240，绿色 240，蓝色 150）。

（5）当奖金高于 800 元时，用蓝色倾斜字体显示；当奖金少于或等于 650 元时，用红色加粗字体显示。

（6）在姓名"王大伟"单元格添加批注，内容为"主任"。

（7）设置表格外框线为最粗单线，内部为最细单线，标题行与表格内容之间为双实线、蓝色，同时设置标题行填充颜色为“橄榄色，强调文字颜色 3，浅色 60%”。完成效果图如图 8-1 所示。

职工工资表

编号	姓名	工龄	部门	基本工资	奖金
A00001	刘洋	9	销售部	¥1,890.00	¥750.00
A00002	王润泽	10	技术部	¥1,965.00	¥650.00
A00003	赵海鸥	13	销售部	¥3,300.00	¥680.00
A00004	李喜爱	5	培训部	¥1,566.00	¥750.00
A00005	陈梦	7	技术部	¥1,795.00	¥880.00
A00006	王大伟	15	培训部	¥2,985.00	¥850.00
A00007	张明达	6	销售部	¥1,830.00	¥550.00
A00008	董李	11	技术部	¥2,625.00	¥650.00

图 8-1　完成效果图

（8）将 Sheet2 工作表更名为“销售统计表”，在 A1:E1 单元格中依次输入数据“商品名、第一季、第二季、第三季、第四季”。

（9）为“商品名”字段设置数据验证，即规定 A2:A5 单元格中只能输入“电视机、电冰箱、洗衣机、摄像机”等内容，然后根据图 8-2 填入各类商品名。

（10）在“销售统计表”最上方插入 1 行并在 A1 单元格输入标题“销售统计表”，设置标题为华文新魏、26 号字、深蓝色、加粗、跨列居中（A 列到 D 列），E1 单元格输入“单位：台”，垂直对齐方式为“靠下”。

（11）将销售统计表的前两行进行冻结。

（12）对每季各商品的销售量使用条件格式中的“五向箭头（彩色）”图标集效果。

（13）为标题“销售统计表”设置标题样式“标题 1”，该工作表自动套用“表样式中等深浅 10”格式。完成效果图如图 8-2 所示。

销售统计表　　单位：台

商品名	第一季	第二季	第三季	第四季
电视机	355	278	127	532
电冰箱	233	450	239	158
洗衣机	155	256	329	223
摄像机	208	550	367	248

图 8-2　完成效果图

（14）将此工作簿以文件名 ex7、文件类型“Microsoft Excel 工作簿（*.xlsx）”保存在 ex7 文件夹下。

【知识点讲解】

1. 工作表数据的输入

在工作表中输入数据是一项最基本的操作，在 Excel 2016 中输入数据有两种方法：一种是从键盘直接输入，如文本、数值、日期时间、序列数据等；另一种是通过其他文件导入数据，如文本文件、Access 和网站等。

（1）从键盘输入各种数据

启动 Excel 2016，系统自动创建一个空白工作簿，该工作簿默认为"工作簿 1"，选择 Sheet1 工作表，进入工作表编辑状态后，根据图 8-3 所示分别在各单元格中录入数据。

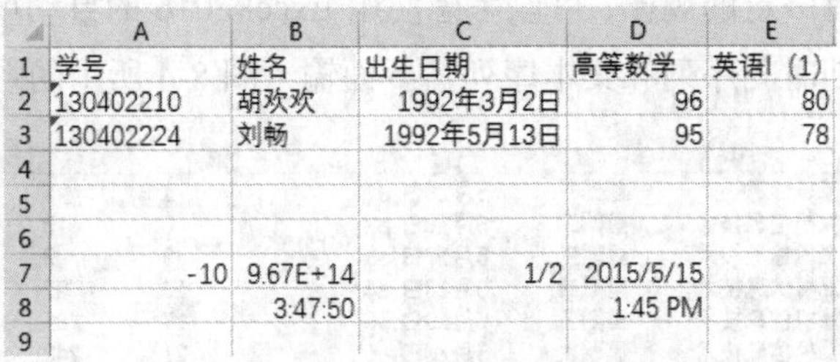

	A	B	C	D	E
1	学号	姓名	出生日期	高等数学	英语I (1)
2	130402210	胡欢欢	1992年3月2日	96	80
3	130402224	刘畅	1992年5月13日	95	78
4					
5					
6					
7	-10	9.67E+14		1/2	2015/5/15
8		3:47:50		1:45 PM	
9					

图 8-3　录入各种数据

① 数字的输入。

输入数字，默认为常规表示，当长度超过单元格宽度时自动转换成科学计数法表示，在单元格中靠右显示。在数值前加负号"–"或将数值括起来都可表示负数，如输入（9）或–9 都表示"–9"。

② 分数的输入。

a. 不带有整数部分的分数，应该先输入一个 0，后空一格（只能是一个空格），然后输入分数，否则系统将会按日期对待。如输入 0 1/4 则表示四分之一，输入 1/4 则表示 1 月 4 日。

b. 带有整数部分的分数，如 $5\frac{3}{5}$，首先输入 5，再按空格键，输入 3/5，编辑栏显示的数为 5.6，则分数输入正确。

c. 分母为分子的倍数分数，如 3/6，首先输入 0，再按空格键，输入 3/6，显示的数为 1/2，Excel 会自动进行约分处理，显示出最简式。

③ 日期时间的输入。

日期时间输入时应使用正确的日期时间格式，输入日期数据时应按"年/月/日"或"年-月-日"两种格式输入，输入时间时按"时：分：秒"格式输入。以下几种时间输入方式也可以：8:15PM、20 时 15 分、下午 8 时 15 分。

[小提示]

切记不能用"年.月.日"的格式输入日期，如 2008.04.12 就是错误的日期格式，系统将按文本数据处理。

---

④ 文本数据的输入。

对于普通文本，选中某单元格，直接输入即可，如"中国"等，逐个打字输入，在单元格中靠左显示。当字符串长度超过列宽时，若右边是空白单元格，则会占列显示；若右边不是空白单元格，则会截断隐藏显示。

对于数字型文本，如学号，输入时必须先输入单引号"'"（注意：是英文单引号）。如 A2 单元格的输入，首先选中 A2 单元格，先输入单引号"'"，然后输入"130402210"（如果直接输入，系统将不作为文本处理，而作为数值处理）。

（2）输入序列数据

如果输入的数据有一定的规律，可以考虑使用 Excel 2016 的自动填充功能。Excel 的序列数据有数值序列、日期时间序列和文本序列。下面输入图 8-4 所示的系列数据。

	A	B	C	D	E	F	G	H
1	计算机信息技术		星期一	5月15日	a1	1	1	
2	计算机信息技术		星期二	5月16日	a2	5	3	
3	计算机信息技术		星期三	5月17日	a3	9	9	
4	计算机信息技术		星期四	5月18日	a4	13	27	
5	计算机信息技术		星期五	5月19日	a5	17	81	
6	计算机信息技术		星期六	5月20日	a6	21	243	
7	计算机信息技术		星期日	5月21日	a7	25	729	
8	计算机信息技术		星期一	5月22日	a8	29	2187	
9	计算机信息技术		星期二	5月23日	a9	33	6561	
10	计算机信息技术		星期三	5月24日	a10	37	19683	
11	计算机信息技术		星期四	5月25日	a11	41	59049	
12								
13								
14		富强	民主	文明	和谐			
15								
16								
17								

图 8-4　输入序列数据

① 同数据的输入。

在 A1 单元格中输入文字"计算机信息技术"，选中该单元格，将鼠标指向单元格右下角的小黑方块（填充句柄，此时鼠标形状变成黑色十字形），拖动填充句柄至适当位置。

② 等差序列和等比序列。

在 F1、F2 单元格中分别输入数值"1""5"，选中这两个单元格，用鼠标拖动填充句柄至适当位置即可产生等差数列 1、5、9、13、17、…。

在 G1 单元格中输入数值"1"，选定 G1 到 G11 区域，选择"开始"→"编辑"→"填充"→"序列"命令，在如图 8-5 所示的"序列"对话框中选择等比序列，"步长值"文本框输入"3"，单击"确定"按钮。

图 8-5　"序列"对话框

③ 日期序列的输入。

在 D1 单元格中输入日期数据"5/15",选定 D1 单元格,用鼠标拖动单格右下角的填充句柄,即可得到连续的日期数据。

④ 已定义的文本序列的输入。

在 Excel 2016 中有一些已经定义好的文本序列,如英文星期、英文日期、星期、中文月份、天干、地支等。在 C1 单元格中输入"星期一",选择该单元格,用鼠标拖动填充柄则可产生序列"星期二、星期三、星期四、…"。

⑤ 自定义序列。

如果需要输入的序列是经常用到但是系统没有的,如"富强、民主、文明、和谐",则可以自己进行自定义。方法有如下两种。

a. 选择需要添加自定义序列的单元格,输入"富强",然后执行"开始"→"编辑"→"排序和筛选"→"自定义排序"命令,打开"排序"对话框,在"次序"下选择"自定义序列"选项,打开"自定义序列"对话框(见图 8-6),在右边"输入序列"框中输入需建立的序列,即"富强、民主、文明、和谐",每输入完一个就按一次 Enter 键,输入完毕单击"添加"按钮,即可建立一个新的序列。需要注意的是,系列中每一项不能以数字开头。最后在 B14 单元格用鼠标拖动填充句柄即可完成该序列的输入。

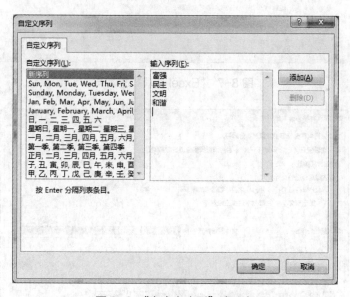

图 8-6　"自定义序列"选项卡

b. 在"文件"选项卡中选择"选项",打开"Excel 选项"对话框,在其左侧列表中单击"高级"选项,切换至相应的界面。在当前界面的"常规"分组中单击"编辑自定义列表"按钮(见图 8-7)也可以打开"自定义序列"对话框,完成序列的设置。

(3)导入外部数据

启动 Excel 2016 软件,选定需要导入数据的工作表,执行"数据"→"自文本"命令,在弹出的对话框中选择文件夹中的".txt"文件。出现图 8-8 所示"文件导入向导-第 1 步，共 3 步"对话框，单击"下一步"按钮，如图 8-9 所示选取合适的分隔符号，在本例中选择"逗号"。根据向导提示单击"完成"按钮后，系统弹出图 8-10 所示的对话框，选择数据放置的起始单元格，单击"确定"按钮完成文本文件的数据导入过程。

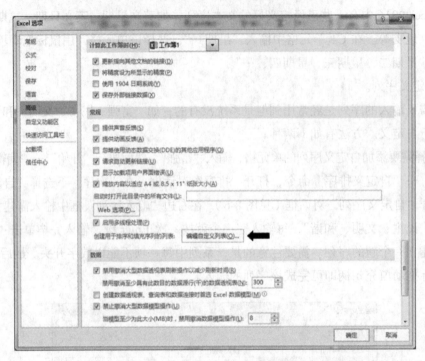

图 8-7 "Excel 选项"选项卡

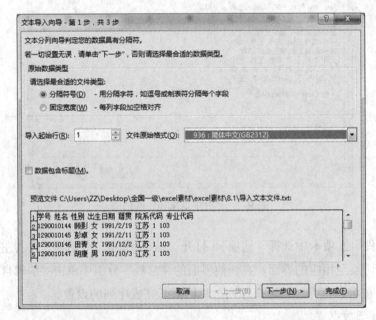

图 8-8 "文本导入向导-第 1 步，共 3 步"对话框

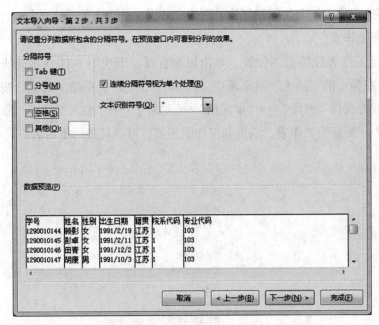

图 8-9　"文本导入向导-第 2 步，共 3 步"对话框

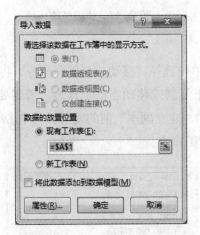

图 8-10　"导入数据"对话框

2. 工作表的管理

对工作表的操作主要有选定工作表、插入新工作表、工作表的重命名、复制和移动工作表、工作表的删除、工作表的分割等。

（1）选定工作表

工作表编辑前，必须先选定，成为当前工作表。方法是单击要选工作表的标签，其名字以白底显示时，被选为当前工作表。

若需要选定多个工作表，应做如下操作。

① 如果要选定的工作表是相邻的，首先单击这几个工作表中第一个工作表的标签，然后再按 Shift 键的同时单击最后一个工作表的标签。此时，工作簿的标题为"工作组"。

② 如果要选定的工作表是不相邻的，则按 Ctrl 键，并单击要选定的每一个工作表。

（2）插入新工作表

将鼠标移至工作表标签适当位置，单击鼠标右键，出现图 8-11 所示的快捷菜单，选择"插入"命令。在弹出的"插入"对话框中，选择"工作表"，单击"确定"按钮即可插入一张新工作表，或者选择"开始"→"单元格"→"插入"→"插入工作表"命令，也可在当前工作表前插入一张新的工作表。双击新工作表标签，可对其进行重命名。

图 8-11　快捷菜单

（3）复制和移动工作表

在图 8-11 所示的快捷菜单中选择"移动或复制"命令，将弹出图 8-12 所示的"移动或复制工作表"对话框，可用于复制或移动当前工作表。若需要复制工作表到指定位置，则确定工作表所放的位置，选中"建立副本"前的复选框，单击"确定"按钮。若未选中"建立副本"对话框，则表示移动工作表。

图 8-12　"移动或复制工作表"对话框

（4）工作表的重命名

工作表的默认名称为 Sheet1、Sheet2、Sheet3，为了更加直观地表示工作表的内容，人们经常会给工作表重新命名。重命名的方法为：双击需要重新命名的工作表的标签，在其变成灰底显示时单击，出现插入标志，此时可以完成名称的修改和重新命名，或者单击鼠标右键，从快捷菜单中选择"重命名"命令。

（5）工作表的删除

单击需要删除的工作表标签，单击鼠标右键，在出现的快捷菜单中选择"删除"命令，或选择"开始"→"单元格"→"删除"→"删除工作表"命令。

（6）工作表的分割

当表格较大时，往往不能同时看到全部单元格，若要在同一个屏幕上查看相距较远的两个区域的单元格，则可以对工作表进行横向或纵向分割。具体方法是将鼠标移动需要拆分的位置，选择"视图"→"窗口"→"拆分"命令（见图 8-13）。

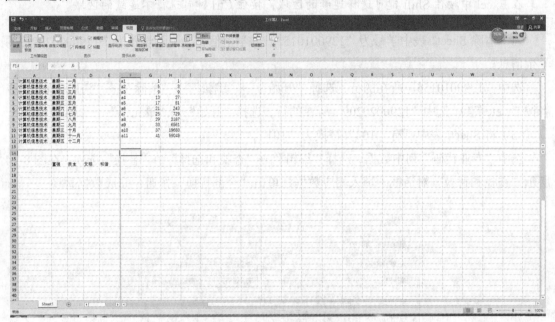

图 8-13　工作表的分割

3. 编辑工作表数据

打开文件夹 ex7 中的工作簿文件"学生.xlsx"，编辑 Sheet1 工作表，完成下列操作。

（1）在"院系代码"列前插入一列"院系名称"。

单击工作表 Sheet1 标签。将鼠标放置在"院系代码"列中的任意位置，选择"开始"→"单元格"→"插入"→"插入工作表列"命令，将在"院系代码"列前出现空白列，输入列标题"院系名称"。

（2）在第一行前插入一个空行。

单击第一行行首的数字"1"，选定第一行。选择"开始"→"单元格"→"插入"→"插入工作表行"命令，将在所在行前插入新的行。

（3）将 Sheet1 表中的"学号""姓名""籍贯"三列数据复制到 Sheet2 表中 A1 单元格开始的相应位置。

选中"学号""姓名""籍贯"三列数据（先单击选中 A2 单元格，在按住 Shift 键的同时单击 B32 单元格，即选中 A2：B32 区域，也就是选中了"学号"和"姓名"两列，接着在按住 Ctrl 键的同时单击 E2 单元格，松开 Ctrl 键，再在按住 Shift 键的同时单击 E32 单元格，利用上述方法选中"学号""姓名""籍贯"三列数据）。选择"开始"→"剪贴板"→"复制"命令（或者右击选择快捷菜单中的"复制"命令），切换至 Sheet2 表，单击选择 A1 单元格，选择"开始"→"粘贴"命令，或者在 A1 单元格上单击鼠标右键，从快捷菜单中选择"粘贴"命令，完成数据的复制。

[小提示]

在 Excel 中按住 Shift 键可选择连续的区域，按住 Ctrl 键可选择不连续的区域。

（4）清除 Sheet1 表中学号为"1290010155"的学生信息，删除学号为"1290020209"的学生信息。

选中"1290010155"所在的行，选择"开始"→"编辑"→"清除"→"清除内容"（或者按 Delete 键）。选中"1290020209"所在的行，选择"开始"→"单元格"→"删除"命令。

（5）将 Sheet1 表中所有"103"替换为"101"。

选中"专业代码"列中数据，选择"编辑"→"查找和选择"→"替换"选项，在图 8-14 所示"查找和替换"对话框中填入相应数据，单击"全部替换"按钮，完成数据替换。

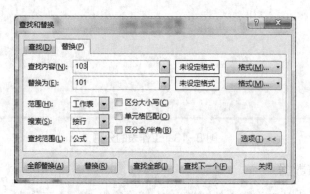

图 8-14 "查找和替换"对话框

4. 工作表的格式化

建立好工作表后，可以对工作表进行格式化，使工作表更加美观。Excel 2016 提供了丰富的格式化命令，可以设置单元格字符格式、数字格式、对齐方式、添加边框和底纹、自动套用格式和条件格式等。

打开工作簿文件"学生.xlsx"中的 Sheet1 工作表，继续完成以下操作。

（1）设置标题。在第一行中输入标题"学生情况表"，并设置为黑体、加粗、28 号、红色、垂直居中，并且要求跨列居中显示。

在 A1 单元格中输入文字"学生情况表"。选中单元格区域 A1:H1，选择"开始"→"对齐方式"工具栏右下角的按钮，弹出"设置单元格格式"对话框。

　　选择"对齐"标签（见图 8-15），设置水平对齐为"跨列居中"，垂直对齐为"居中"。选择"字体"标签（见图 8-16），设置字体为"黑体"，字形为"加粗"，字号为"28"，颜色为"红色"，最后单击"确定"按钮。

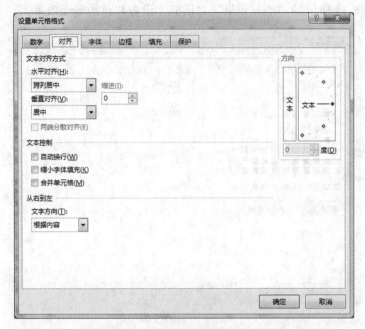

图 8-15　"设置单元格格式"对话框

图 8-16　字体的设置

　　（2）设置各列列标题格式。对表格列标题行设置：宋体，字号 16，蓝色，底纹颜色设置为"深蓝，文字 2，淡色 80%"。

选中单元格区域 A2：H2，选择"开始"→"对齐方式"工具栏右下角的按钮，弹出"设置单元格格式"对话框。首先与前面一样选择"字体"标签进行相应设置，再选择"填充"标签（见图 8-17），选择相应颜色，单击"确定"按钮。若在"填充"标签上单击"填充效果"按钮，可打开图 8-18 所示的"填充效果"对话框，设置双色的渐变效果。

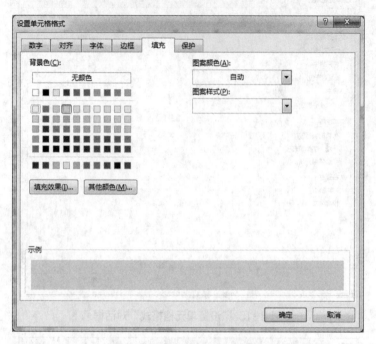

图 8-17　单元格填充的设置

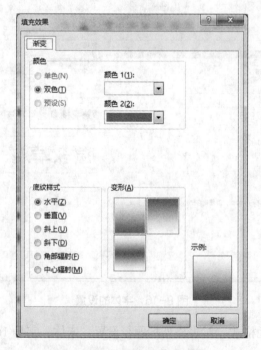

图 8-18　"填充效果"对话框

[小提示]

若要在单元格中强制换行，则在该换行处按 Alt+Enter 组合键。

（3）设置表格边框格式。表格边框格式设置：将外边框设置为蓝色最粗线，将内边框设置为蓝色最细线，将标题行下边框线设置为浅蓝色双线。

选中单元格区域 A2:H32，选择"开始"→"数字"工具栏右下角的按钮，弹出"设置单元格格式"对话框，在对话框中选择"边框"标签（见图 8-19），在"线条样式"列表中选择最粗实线，在"颜色"列表中选择"蓝色"，单击"预置"中的"外边框"按钮，接着同样在此对话框中，在线条样式列表中选择最细实线，在"颜色"列表中选择"蓝色"，单击"预置"中的"内部"按钮，单击"确定"按钮。

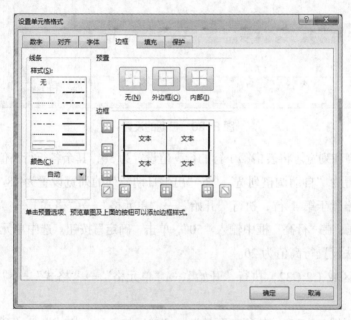

图 8-19　边框的设置

选中单元格区域 A2:H2，选择"开始"→"数字"工具栏右下角的按钮，在出现的"设置单元格格式"对话框中，选择"边框"标签，在"线条样式"列表中选择"双线"，在"颜色"列表中选择"浅蓝"，在"边框"下选择按钮🔲，单击"确定"按钮。

（4）设置日期格式。将"出生日期"这一列的格式设置为"×年×月×日"的样式。

选中单元格区域 D3:D32，选择"开始"→"数字"工具栏右下角的按钮，在出现的"设置单元格格式"对话框中，选择"数字"标签，在"分类"列表框中选择"日期"，在"类型"列表框中选择"2012 年 3 月 14 日"（见图 8-20），单击"确定"按钮。

[小提示]

在如图 8-20 所示的对话框中，同样可以完成数值、货币、时间、百分比、分数等格式的设置，只要选择相应的选项即可。

图 8-20　日期的设置

（5）设置行高和列宽。将表格第 1 行的行高值设置为 50，其余各行行高值设置为 20，"性别"列的列宽设置为"自动调整列宽"，将"出生日期"列的列宽设置为 18。

将当前单元格置于第 1 行，执行"开始"→"单元格"→"格式"→"行高"命令，弹出"行高"对话框，在"行高"框中输入"50"，单击"确定"按钮。选中单元格区域 A2:H32，用上述同样的方法设置行高值为 20。

选中单元格区域 C2:C32，执行"开始"→"单元格"→"格式"→"自动调整列宽"命令。

选中单元格区域 D2:D32，执行"开始"→"单元格"→"格式"→"列宽"命令。弹出"列宽"对话框，输入"18"，单击"确定"按钮。

[小提示]

当该列列宽太小，不够显示数据时，会显示为"####"。将鼠标移至列表头的右边线，指针变成一个左右方向各带箭头的实心十字时，双击左键，可将该列调整为最适合的列宽。

（6）数据验证。为"性别"字段设置只能选择男或女。

选中性别这一列数据（C3:C32）的内容，单击"数据"标签，选择"数据工具"中的"数据验证"选项中的"数据验证"选项，弹出"数据验证"对话框，选择性别的验证条件为"序列"，在来源中设置为"男,女"，需要注意的是中间逗号为英文逗号（见图 8-21）。

单击"确定"按钮后，可以看到表中出现列表的箭头，下拉可以选择"男""女"（见图 8-22）。

图 8-21 数据验证的设置

学号	姓名	性别	出生日期	籍贯	院系名称	院系代码	专业代码
1290010144	顾影	女	1991年2月19日	江苏		1	101
1290010145	彭卓	男	1991年2月11日	江苏		1	101
1290010146	田青	女	1991年12月2日	江苏		1	101
1290010147	胡康	男	1991年10月3日	江苏		1	101
1290010148	周花	女	1991年3月17日	山东		1	101
1290010149	石分	女	1991年7月11日	江苏		1	101
1290010150	周艳	男	1991年2月17日	江苏		1	101
1290010151	杨月	女	1991年3月20日	河南		1	101
1290010152	殷蔷	男	1991年2月18日	江苏		1	101
1290010153	孙中	男	1991年2月14日	山东		1	101
1290010154	蒋昀	女	1991年7月12日	江苏		1	101
1290010155	王海	女	1991年1月13日	江苏		1	101
1290010156	陈树	男	1991年11月28日	上海		1	101
1290020201	褚梦	女	1991年11月23日	山东		2	201
1290020202	蔡敏梅	男	1991年4月28日	上海		2	201
1290020203	赵林莉	男	1991年1月1日	江苏		2	201
1290020204	糜义杰	男	1991年6月10日	江苏		2	201
1290020205	周萍	男	1991年5月7日	江苏		2	201
1290020206	王英	男	1991年10月3日	江苏		2	201
1290020207	陈雅	女	1991年6月8日	江苏		2	201
1290020208	周洁	男	1991年5月23日	上海		2	201
1290020209	成立	女	1991年3月12日	江苏		2	201
1290020210	陈晖	女	1991年1月23日	江苏		2	201
1290020211	王玉	女	1992年1月10日	河南		2	201
1290020212	邵艳	男	1991年11月22日	北京		2	201
1290020213	殷峰	女	1991年11月27日	江苏		2	201
1290020214	张琴	男	1991年2月12日	河南		2	201
1290020215	冯军	男	1991年6月19日	江苏		2	201
1290020216	齐海	男	1991年6月14日	江苏		2	202
1290020217	屠康	女	1991年4月2日	上海		2	202

图 8-22 数据验证

还可以对身份证号进行设置，如身份证号一般为 18 位数字，先将身份证号那一栏设为文本格式，选择"数据验证"选项，将验证条件设为"文本长度"，数据"等于"，数值"18"，如图 8-23 所示。这样设置之后，只有输入 18 位数才会有效，在身份证号输入超过 18 位数字的或者小于 18 时都会弹出错误提示。

图 8-23　身份证号的数据验证设置

（7）添加批注。为姓名为"周花"的学生添加批注为"班长"。

右击 B7 单元格，从快捷菜单中选择"插入批注"命令，弹出批注文本框，在批注文本框中输入"班长"，每当光标从这个单元格经过就可以看到图 8-24 所示的效果。

学号	姓名	性别	出生日期
1290010144	顾影	女	1991年2月19日
1290010145	彭卓	女	1991年2月11日
1290010146	田青	女	1991年12月2日
1290010147	胡康	男	1991年10月3日
1290010148	周花	女	3月17日
1290010149	石分	女	7月11日
1290010150	周艳	男	1991年2月17日
1290010151	杨月	女	1991年3月20日
1290010152	殷鸶	男	1991年2月18日
1290010153	孙中	男	1991年2月14日
1290010154	蒋昀	女	1991年7月12日
1290010155	王海	女	1991年1月13日

图 8-24　设置批注

（8）设置条件格式。将籍贯为"江苏"的用"红色、加粗"显示，籍贯为"山东"的用"蓝色、加粗"显示。

a. 选中单元格区域 E2:E32，执行"开始"→"样式"→"条件格式"→"突出显示单元格规则"→"等于"命令，弹出"等于"对话框，如图 8-25 所示，将光标定位到第一个文本框中，单击任意一个值为"江苏"的单元格，该单元格的地址会出现在文本框中，也可直接在文本框中输入"江苏"，在"设置为"后面的列表框中选择"自定义格式"，会跳出"设置单元格格式"对话框，在"字体"标签中设置字形为"加粗"，颜色为"红色"，单击"确定"按钮完成一个设置，用上述同样的方法，完成"山东"的条件格式设置。

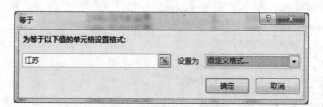

图 8-25　"等于"对话框

[小提示]

如果要添加条件格式的数据范围在规则里面找不到（如大于或等于、小于或等于），则可以通过"开始"→"样式"→"条件格式"→"突出显示单元格规则"→"其他规则"，或者通过"开始"→"样式"→"条件格式"→"新建规则"，打开"新建格式规则"对话框，如图 8-26 所示，选择"只为满足以下条件的单元格设置格式"选项进行设置。

图 8-26　"新建格式规则"对话框

---

b. 还可以使用条件格式中的"数据条""色阶"和"图标集"这些图形的方式来显示，会使表格更加明了和形象，并且利于用户更直观地对比数据的大小关系，提高分析数据的效率。以"图标集"为例，可以通过"开始"→"样式"→"条件格式"→"图标集"，选择方向、形状、标记和等级，系统默认是大于等于 67%为第 1 个图标、33%～67%为第 2 个图标、小于 33%为第 3 个图标，如果要自行设置参数，可以通过"开始"→"样式"→"条件格式"→"图标集"→"其他规则"，打开"新建格式规则"对话框，图 8-27 所示的编辑百分比数值，也可以在类型选择数值、公式或百分点值。

整体完成后效果如图 8-28 所示。

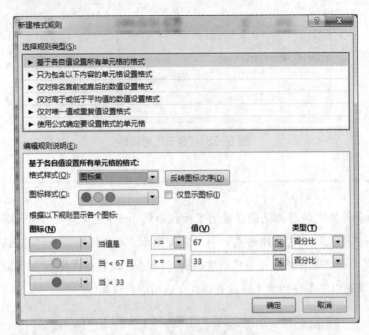

图 8-27 编辑百分比数值

	A	B	C	D	E	F	G	H
1				学生情况表				
2	学号	姓名	性别	出生日期	籍贯	院系名称	院系代码	专业代码
3	1290010144	顾影	女	1991年2月19日	江苏		1	101
4	1290010145	彭卓	女	1991年2月11日	江苏		1	101
5	1290010146	田青	女	1991年12月2日	江苏		1	101
6	1290010147	胡康	男	1991年10月3日	江苏		1	101
7	1290010148	周花	女	1991年3月17日	山东		1	101
8	1290010149	石分	女	1991年7月11日	江苏		1	101
9	1290010150	周艳	男	1991年2月17日	江苏		1	101
10	1290010151	杨月	女	1991年3月20日	河南		1	101
11	1290010152	殷鹜	男	1991年2月18日	江苏		1	101
12	1290010153	孙中	男	1991年2月14日	山东		1	101
13	1290010154	蒋昀	女	1991年7月12日	江苏		1	101
14	1290010155	王海	女	1991年1月13日	江苏		1	101
15	1290010156	陈树	男	1991年11月28日	上海		1	101
16	1290020201	褚梦	女	1991年11月23日	山东		2	201
17	1290020202	蔡敏梅	男	1991年4月28日	上海		2	201
18	1290020203	赵林莉	男	1991年1月1日	江苏		2	201
19	1290020204	糜义杰	男	1991年6月10日	江苏		2	201
20	1290020205	周萍	男	1991年5月7日	江苏		2	201
21	1290020206	王英	男	1991年10月3日	江苏		2	201
22	1290020207	陈雅	女	1991年6月8日	江苏		2	201
23	1290020208	周吉	男	1991年5月23日	上海		2	201
24	1290020209	成立	女	1991年3月12日	江苏		2	201
25	1290020210	陈晖	女	1991年1月23日	江苏		2	201
26	1290020211	王玉	女	1992年1月10日	河南		2	201
27	1290020212	邵艳	男	1991年11月22日	北京		2	201
28	1290020213	熊峰	男	1991年11月27日	江苏		2	201
29	1290020214	张琴	男	1991年2月12日	河南		2	201
30	1290020215	冯军	男	1991年6月19日	江苏		2	201
31	1290020216	齐海	男	1991年6月14日	江苏		2	202
32	1290020217	屠康	女	1991年4月2日	上海		2	202

图 8-28 整体完成后效果

（9）使用样式。当数据整理好后要打印出来都要设置一下表格的样式，这样打印出来才美观，那怎么设置表格或单元格样式呢？Excel 为我们提供了强大的表格功能，内设了多种类型的样式，可直接使用。

选中设置的单元格，单击"开始"→"样式"→"单元格样式"区域的下拉选项（见图 8-29），在下拉菜单中选择一种样式，可以对标题、数字格式等进行直接设置。

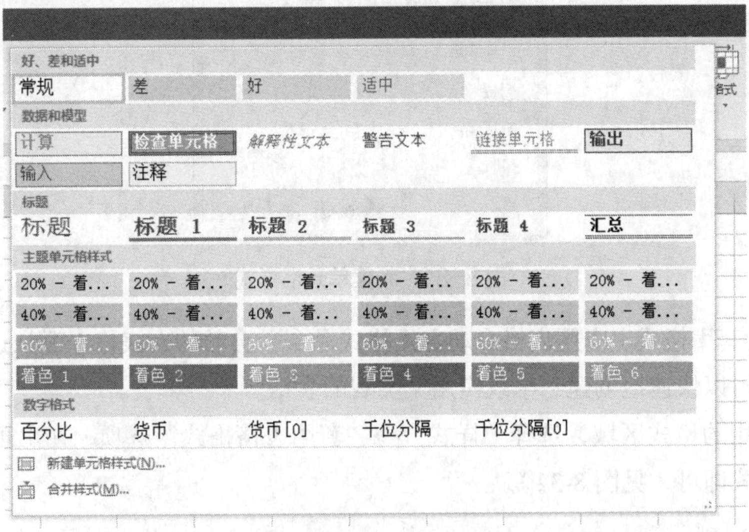

图 8-29　单元格样式

对于已有样式，如"标题"，可以右击该选项，从图 8-30 所示的快捷菜单中选择"修改"选项，在弹出的图 8-31 所示"样式"对话框进行修改。如果这些都不符合自己的要求，可以单击"样式"→"单元格样式"→"新建单元格样式"选项，也会弹出"样式"对话框，单击"样式"对话框中的"格式"按钮，在弹出"设置单元格格式"对话框中进行修改。

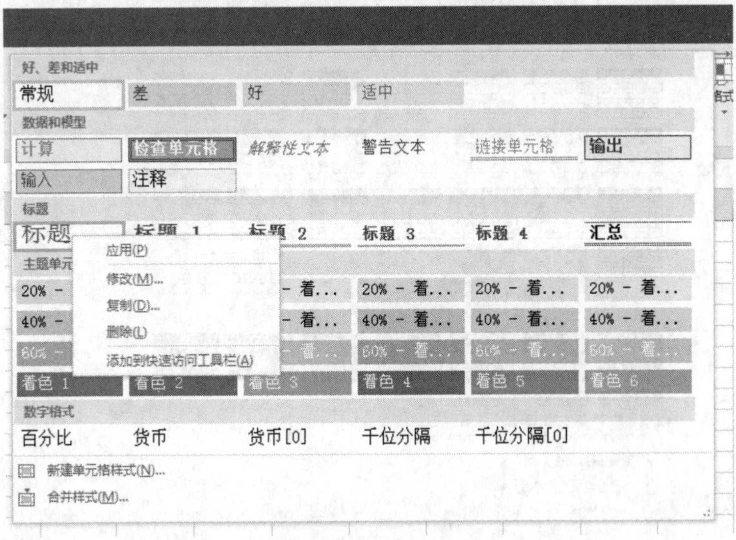

图 8-30　样式的修改

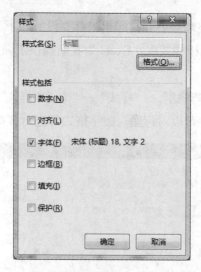

图 8-31　新建单元格样式

（10）自动套用格式。应用表格自动套用格式命令会自动的在表格中添加边框、阴影、颜色、工作等，可以快速地创建一个既实用又美观的表格。

选择要套用的格式区域，选择"样式"→"套用表格格式"选项，在出现的表样式列表中选择所需样式即可（见图 8-32）。

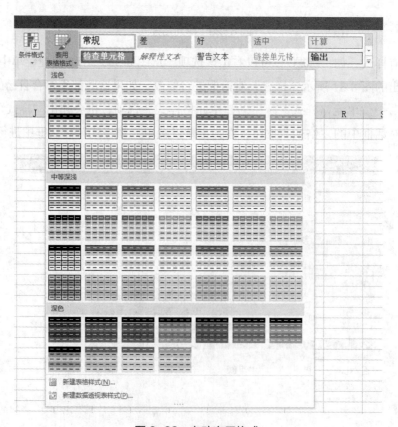

图 8-32　自动套用格式

实训 8 数据处理

【实训目的】

1. 掌握单元格的相对引用和绝对引用。
2. 掌握 Excel 中公式和函数的使用。
3. 掌握图表的建立和格式化的方法。
4. 掌握数据清单的排序和筛选方法。
5. 掌握数据清单的分类汇总方法。
6. 掌握数据透视表的建立及操作。

【实训内容】

在 ex8 文件夹中打开"职工信息.xlsx"工作簿。

（1）在"职工工资表"工作表中，计算"应发工资（=基本工资+奖金）""会费（=基本工资×0.5%）"和"实发工资（=应发工资−会费）"。

（2）在 E12 单元格中利用 SUMIF 函数计算工龄满 10 年职工的奖金和，在 N4 单元格中利用 COUNTIF 函数计算销售部的职工人数，在 N7 单元格中利用 SUMIF 函数计算销售部的职工基本工资之和，在 N10 单元格中利用 ROUND 函数计算销售部的职工基本工资平均值，结果保留 2 位小数，在 E13 单元格中使用 VLOOKUP 函数获取工龄最长的职工的基本工资。

（3）以"实发工资"为基础，利用 IF 函数计算职工的缴税值。

① 实发工资大于等于 3 500 元，缴税值为实发工资的 5%。

② 实发工资在 3 000 元（含）至 3 500 元的，缴税值为实发工资的 2.5%。

③ 实发工资在 2 500 元（含）至 3 000 元的，缴税值为实发工资的 1%。

④ 实发工资低于 2 500 元的，不缴税。

（4）复制"基本信息"工作表，重命名为"排序"，按性别（女职工在前）及奖金升序排序。

（5）复制"基本信息"工作表，重命名为"自动筛选"，用自动筛选的方法找出奖金高于或等于 650 元且低于 850 元的男职工的记录。

（6）复制"基本信息"工作表，重命名为"高级筛选"，对该表进行高级筛选，要求满足如下两个条件之一：条件一为奖金高于 650 元且低于 850 元的男职工；条件二为基本工资高于 2 500 元的女职工。高级筛选条件设置在 A12 开始位置，筛选结果显示在 A18 开始位置。

（7）复制"基本信息"工作表，重命名为"分类汇总"，按性别分别求出男、女职工基本工资和奖金的平均值，结果保留 2 位小数，并统计男、女职工的人数，完成后的效果图如图 8-33 所示。

1 2 3 4	A	B	C	D	E	F	G
1	职工工资表						
2	编号	姓名	性别	工龄	部门	基本工资	奖金
3	A00002	王润泽	男	10	技术部	1965	650
4	A00003	赵海鸥	男	13	销售部	3300	680
5	A00006	王大伟	男	15	培训部	2985	850
6	A00007	张明达	男	6	销售部	1830	550
7		男 计数		4			
8			男 平均值			2520.00	682.50
9	A00001	刘洋	女	9	销售部	1852	750
10	A00004	李喜爱	女	5	技术部	1566	750
11	A00005	陈梦	女	7	技术部	1795	880
12	A00008	董李	女	11	技术部	2625	650
13		女 计数		4			
14			女 平均值			1959.50	757.50
15		总计数		9			
16			总计平均值			2239.75	720.00
17							
18							

图 8-33　完成后的效果图

（8）以"基本信息"数据为依据建立数据透视表，名为"奖金统计"，按性别分别统计奖金的平均值、最大值。将分类字段"性别"置于行，计算结果保留 2 位小数。

（9）以"销售表"工作表的数据为基础创建"簇状圆锥图"，比较电冰箱、洗衣机和摄像机四个季度的销量情况，图表标题为"三种商品销量统计图表"，设置标题为华文云彩、14 号字，横坐标标题为"季度"，纵坐标标题为"台"，图例显示在右侧，"电冰箱"系列显示值，为图表的背景墙填充"蓝色面巾纸"纹理，设置绘图区格式为"图案填充"，填充样式为"小纸屑"，并将图表放置在 A10:K30 单元格区域中，完成后的效果如图 8-34 所示。

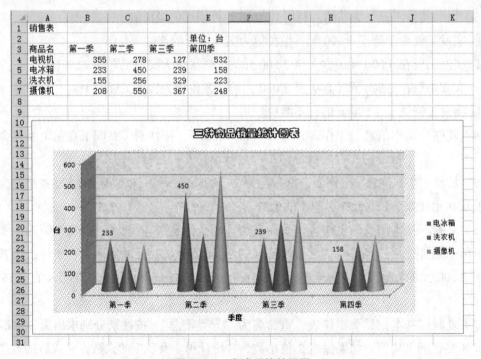

图 8-34　完成后的效果图

（10）保存“职工信息.xlsx”工作簿，存放于 ex8 文件夹中。

【知识点讲解】

在 Excel 2016 中可以使用公式和函数对工作表中的数据进行各种统计计算。用户可以使用系统提供的运算符和函数构造公式，系统根据公式自动进行计算，当有数据发生变化时，Excel 2016 会自动重新计算。

1. 公式和函数的使用

输入的公式的形式为“=表达式”。表达式可以由常量、运算符、单元格地址、函数以及括号等组成，公式中不能有空格存在。特别要注意的是，公式中的“=”不可以缺少。

选择单元格，输入等号“=”。选择一个单元格，或在所选单元格中输入其地址。例如，“-”代表相减。选择下一单元格，或在所选单元格中输入其地址，按 Enter 键。计算结果将显示在包含公式的单元格中。

（1）打开“人口.xlsx”文件，使用公式计算 1950 年及以后各年年度人口增长率，按百分比样式显示，保留 2 位小数（增长率 =（当年末人口-上年末人口）/上年末人口）。使用公式计算 1950 年及以后各年度相对于 1949 年的人口增长率，按百分比样式显示，保留 2 位小数（相对于 1949 年增长率 =（当年末人口-1949 年末人口）/1949 年末人口）。计算结果放置于表格相应位置。

① 打开 ex8 文件夹下的“人口.xlsx”，选择 Sheet1 工作表。

② 选定 C3 单元格，输入“=”号（或单击编辑栏，输入“=”），输入“(B3-B2)/B2”。也可依次单击所在的单元格，选择地址，先输入“(”，单击 B3 单元格，接着输入“-”，单击 B2 单元格，再输入“)/”，单击 B2 单元格（见图 8-35），输入完成后按 Enter 键，或者单击编辑栏前面的“√”确认公式的输入。

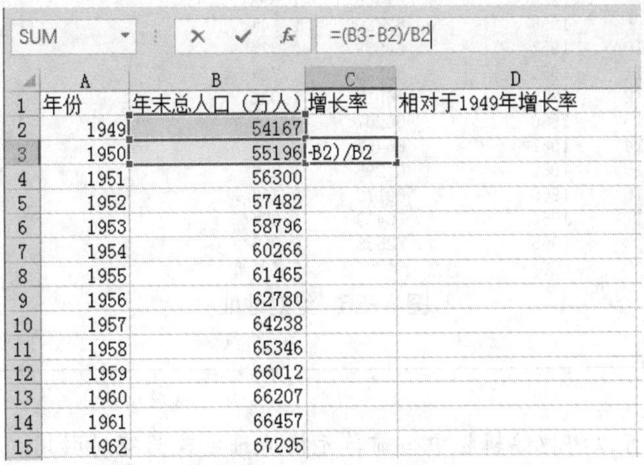

	A	B	C	D
1	年份	年末总人口（万人）	增长率	相对于1949年增长率
2	1949	54167		
3	1950	55196	-B2)/B2	
4	1951	56300		
5	1952	57482		
6	1953	58796		
7	1954	60266		
8	1955	61465		
9	1956	62780		
10	1957	64238		
11	1958	65346		
12	1959	66012		
13	1960	66207		
14	1961	66457		
15	1962	67295		

图 8-35　输入公式

③ 选定 C3 单元格，选择“开始”→“数字”工具栏右下角按钮，在出现的“单元格格

式”对话框中选择“数字”标签，在“分类”列表框中选择“百分比”，进行相应设置。

在单元格 C3 中输入公式“(B3-B2)/B2”，在 C4 中输入公式“(B4-B3)/B3”，这样十分麻烦。事实上，单元格地址有规律变化的公式不需要重新输入，可以使用复制公式的方法，单元格地址的变化由系统自动去推算。上面的操作只需在 C3 中输入公式后，单击单元格 C3，将鼠标指针移动到 C3 右下方的黑点（填充句柄）上按下鼠标左键向下拖动至 C57 单元格。此时可以发现，在 C 列已经实现了增长率的求解，单击 C 列的单元格，如单击 C10 单元格，数据编辑区出现“(B10-B9)/B9”，正是前面输入的公式，只是公式中的行数发生了变化，这样就完成了公式的复制。

随公式复制的单元格位置变化而变化的单元格地址称为相对地址。有时并不需要相对地址，如公式中的某一项的值固定地存放在某个单元格中，在复制公式中，该项值不能改变，这样的单元格地址称为绝对地址。具体的表现形式为在普通地址前加$。例如，$C$2 表示行和列均固定；$C2 表示列固定为 C，行不固定；C$2 表示列不固定，行固定为 2。

当需要引用其他工作簿中的工作表中的单元格时，可以使用单元格地址的全称来表示，形式为“[工作簿文件名]工作表名！单元格地址”。如果引用的数据在同一个工作簿内，前面的工作簿文件名可以省略。

④ 选定 D3 单元格，输入公式“=（B3-$B$2）/$B$2”（见图 8-36）。拖动 D3 单元格右下角的填充句柄到 D57 单元格。

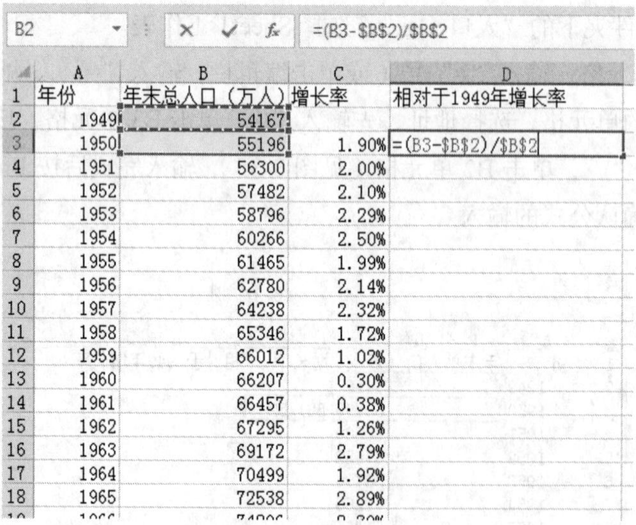

B2　=(B3-$B$2)/$B$2

	A	B	C	D
1	年份	年末总人口（万人）	增长率	相对于1949年增长率
2	1949	54167		
3	1950	55196	1.90%	=(B3-$B$2)/$B$2
4	1951	56300	2.00%	
5	1952	57482	2.10%	
6	1953	58796	2.29%	
7	1954	60266	2.50%	
8	1955	61465	1.99%	
9	1956	62780	2.14%	
10	1957	64238	2.32%	
11	1958	65346	1.72%	
12	1959	66012	1.02%	
13	1960	66207	0.30%	
14	1961	66457	0.38%	
15	1962	67295	1.26%	
16	1963	69172	2.79%	
17	1964	70499	1.92%	
18	1965	72538	2.89%	

图 8-36　绝对地址

[操作技巧]

按下 F4 功能键可以将把编辑栏中当前单元格地址更改为绝对引用。按一次 F4 功能键，变为行列的绝对引用；按两次 F4 功能键，变为行的绝对引用；按三次 F4 功能键，变为列的绝对引用；按四次 F4 功能键，恢复为普通引用，如此循环。

复杂的统计计算需要使用函数，Excel 2016 中提供了很多类函数，每一类都有若干不同的函数。合理地使用函数将大大提高计算的效率。函数的形式为：函数名（参数 1，参数 2，……）。函数的结构以函数名开始，后面的圆括号中为参数，函数可以有一个或多个参数，也可以没有，但是函数名后面的一对圆括号是必需的。例如，SUM（A1:A3，C3:F4）有两个参数，表示两个区域中的数据的和。PI()函数表示圆周率的值，没有参数。

常用的函数如下。

① SUM()函数：求和函数。

语法：SUM（A1，A2，……）。

其中 A1、A2 等参数可以是数值或含有数值的单元格的引用。

功能：返回参数中所有数值之和。

② AVERAGE()函数：平均值函数。

语法：AVERAGE（A1，A2，……）。

其中 A1、A2 等参数可以是数值或含有数值的单元格的引用。

功能：返回参数中所有数值的平均值。

③ MAX()函数：最大值函数。

语法：MAX（A1，A2，……）。

功能：返回参数中所有数值的最大值。

④ MIN()函数：最小值函数。

语法：MIN（A1，A2，……）。

功能：返回参数中所有数值的最小值。

⑤ IF()函数：判断函数。

语法：IF（Logical-test,Value-if-true,Value-if-false）。

其中 Logical-test 是任何计算结果为 TRUE 或 FALSE 的数值或表达式。如果 Logical-test 为真（TRUE），则返回 Value-if-true 的值；如果 Logical-test 为假（FALSE），则返回 Value-if-false 的值。

功能：指定要执行的逻辑检验。

⑥ COUNT()函数：计数函数。

语法：COUNT（A1，A2，……）。

功能：返回参数中包含数值参数的个数。

⑦ ROUND()函数：四舍五入函数。

语法：ROUND(A1,A2)。

根据 A2 对数值 A1 进行四舍五入。A2>0 表示舍入到 A2 位小数，即保留 A2 位小数；A2=0 表示保留整数；A2<0 表示从整数的个位开始向左对第 K 位进行舍入，K 为 A2 的绝对值。

功能：对数值进行四舍五入。

⑧ INT()函数：取整函数。

语法：INT(A1)。

功能：取不大于数值 A1 的最大整数。

⑨ ABS()函数：绝对值函数。

语法：ABS(A1)。

功能：取 A1 的绝对值。

⑩ COUNTIF(A1,A2)函数：统计函数。

A1 是统计的范围，A2 是统计条件。

功能：计算某个区域中满足条件的单元格数目。

注意： 还有一个功能相似的函数 COUNTIFS。这两个函数的共同点是，参数都是统计的范围和统计条件。不同点是 COUNTIF 函数条件只能为 1 个，比较简单；COUNTIFS 函数条件区域能为多个，当要求的条件个数不是单一时就可以选择 COUNTIFS（范围 1,条件 1,范围 2,条件 2,…）函数。

---

⑪ SUMIF(A1,A2,A3)函数：数字与三角函数。

A1 是要进行求和计算的单元格区域，A2 是可以用于求和的单元格条件，A3 是用于求和计算的实际单元格。

功能：对某个区域中满足条件的单元格求和。此函数也有一个功能类似可以多条件求和的 SUMIFS 函数。

⑫ AVERAGEIF(A1,A2,A3)函数：统计函数。

A1 是要进行计算的单元格区域，A2 定义了用于查找平均值的单元格条件，A3 是用于平均值计算的实际单元格。

功能：查找指定条件的单元格的平均值（算术平均值）。

⑬ RANK.EQ(A1,A2,A3)函数：排序函数。

A1 是要查找排名的数字，A2 是一组数或对一个数据列表的引用（非数字值将被忽略），A3 是代表排名方式的数字（省略或为 0 为降序，非零值为升序）。

功能：A1 在 A2 中相对于其他数值的大小排名。如果多个数值排名相同，则返回该组数值的最佳排名。

⑭ VLOOKUP(A1,A2,A3[,A4])函数：查找与引用函数。

A1 是要在表格或区域的第一列中搜索的值（可以是值或者引用），A2 是需要搜索的包含数据的单元格区域，A3 是返回的匹配值的列号，A4 值为可选，它是一个逻辑值，指定希望 VLOOKUP 查找精确匹配值还是近似匹配值（省略或为 TRUE 为近似匹配，FALSE 为精确匹配）。

功能：使用 VLOOKUP 函数搜索某个单元格区域的第一列，然后返回该区域相同行上任何单元格中的值。VLOOKUP 中的 V 表示垂直方向。

例如，假设区域 A2:C10 中包含人口列表，年份存储在该区域的第一列（见图 8-37）。

	A	B	C	D
1	年份	年末总人口/万人	增长率	相对于1949年增长率
2	1949	54167		
3	1950	55196	0.0189968	0.018996806
4	1951	56300	0.0200014	0.039378219
5	1952	57482	0.0209947	0.061199623
6	1953	58796	0.0228593	0.085457936
7	1954	60266	0.0250017	0.11259623
8	1955	61465	0.0198951	0.134731479
9	1956	62780	0.0213943	0.159008252
10	1957	64238	0.023224	0.18592501

图 8-37　示例

如果知道年份，则可以使用 VLOOKUP 函数返回该年年末总人口或增长率。若要获取 1952 年的年末总人口数，可以使用公式=VLOOKUP(1952,A2:C10,2,FALSE)。此公式将搜索区域 A2:C10 的第一列中的值 1952，然后返回该区域同一行中第二列包含的值作为查询值。

（2）计算"人口.xlsx"文件中 1950—2004 年的年平均增长率，并将计算结果放置于单元格 C58 中。

① 选定 C58 单元格，单击编辑栏上的"插入函数"按钮，或单击"公式"→"插入函数"命令，打开"插入函数"对话框，如图 8-38 所示。

图 8-38　"插入函数"对话框

② 在"或选择类别"中选择"常用函数"，下边"选择函数"中选择"AVERAGE"函数，单击"确定"按钮，出现图 8-39 所示的"函数参数"对话框。

③ 在此对话框的参数域的数据选取框中直接输入各个参数，或单击数据选取框右边的"折叠"按钮，在工作表中用鼠标选取 C3:C57 单元格区域，然后单击"折叠"按钮返回，参数便填入数据选取框中，单击"确定"按钮，完成年平均增长率的计算。

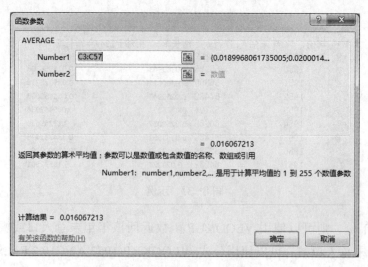

图 8-39 "函数参数"对话框（1）

[小提示]

直接选定 C58 单元格，输入"="号，然后在公式编辑栏的左边单击下拉列表框按钮，在下拉列表中选择 AVERAGE 函数，也可以完成公式函数的输入。

（3）利用 IF 函数为工作簿"户型.xlsx"的 Sheet1 表中的房产划分等级（房产面积高于 100 m² 为大户型，70~100 m² 为中户型，低于 70 m² 为小户型），并将计算结果放置于相应单元格中。

选定 C2 单元格，单击编辑栏上的"插入函数"按钮，在"插入函数"对话框选择 IF 函数，打开"函数参数"对话框，在第一个文本框内输入判断条件的表达式，第二个文本框中是当上面的条件成立时返回的结果，参数如图 8-40（a）所示，第三个文本框中是当条件不成立时返回的结果，此时再次选择编辑栏中的 IF 函数参数如图 8-40（b）所示，输入完成之后，单击"确定"按钮完成。

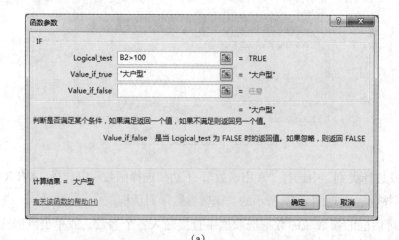

（a）

图 8-40 "函数参数"对话框（2）

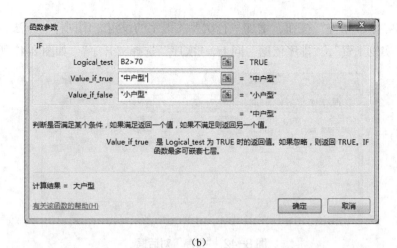

(b)

图 8-40　"函数参数"对话框（2）（续）

2. 数据排序

在 ex8 文件夹中，打开"工资情况表.xlsx"。复制"工资情况表"工作表，新工作表命名为"工资排序表"，在"工资排序表"中，按"一分厂""二分厂""三分厂"的次序对各车间中"实发工资"按由低到高的顺序进行排序。

（1）复制"工资情况表"工作表，并将新工作表重新命名为"工资排序表"。单击有数据的任一单元格，单击"开始"→"编辑"→"排序和筛选"→"自定义排序"命令或者单击"数据"→"排序和筛选"→"排序"命令，打开"排序"对话框，选择"数据包含标题"前面的复选框，然后在"主要关键字"下拉列表中选择"部门"，"排序依据"选择"数值"，"次序"选择"自定义序列"，打开"自定义序列"对话框，如图 8-41 所示，新创建自定义序列"一分厂""二分厂""三分厂"，单击"添加"按钮后，再单击"确定"按钮，返回"排序"对话框。

图 8-41　"自定义序列"对话框

（2）单击"添加条件"按钮，增加一行次要关键字的设定，用同样的方法，选定"次要关键字"为"实发工资"，"排序依据"同上，"次序"选择"升序"，如图8-42所示。

图 8-42 "排序"对话框

[小提示]

"删除条件"按钮的作用是把当前正在编辑的条件行删除；"复制条件"按钮的作用是把当前正在编辑的条件行复制一个放到该行下方；单击"选项"按钮会打开"排序选项"对话框，如图8-43所示，在该对话框中，可对排序的方向、方法、是否区分大小写进行设置。

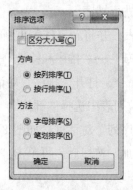

图 8-43 "排序选项"对话框

（3）在所有的条件设定好后，单击"确定"按钮，完成排序。

[小提示]

"数据包含标题"前面的复选框如果不选中，则本例中的标题将与数据一起参加排序。在所有的排序关键字中只会有一个主要关键字，其余的都为次要关键字。在主关键字值相同的情况下，才会按次要关键字排序。

3. 分类汇总

打开"工资情况表.xlsx"文件，复制"工资情况表"工作表，新工作表命名为"工资分类汇总表"，在"工资分类汇总表"工作表中，分类汇总各分厂"工资"和"奖金"的平均值，要求汇总结果显示在数据的下方。新建工作表，命名为"汇总结果表"，将汇总的结果（只含有汇总项的部门、工资、奖金三列，其余都不包含）复制到汇总结果表。

（1）复制"工资情况表"，并将新工作表重新命名为"工资分类汇总表"。

（2）在分类汇总之前，一定要根据要求的分类字段先进行排序，此处将数据表按"部门"进行排序。

（3）执行"数据"→"分级显示"→"分类汇总"命令，打开"分类汇总"对话框，如图 8-44 所示，在"分类汇总"对话框中选择"分类字段"为"部门"，"汇总方式"为"平均值"，在"选定汇总项"列表框中勾选"工资"和"奖金"，并勾选"汇总结果显示在数据下方"复选框，单击"确定"按钮。分类汇总结果如图 8-45 所示。

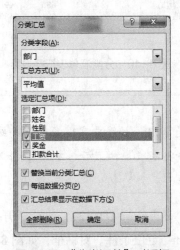

图 8-44 "分类汇总"对话框

	部门	姓名	性别	工资	奖金	扣款合计	实发工资
2	一分厂	李汤蕊	女	784	450	51	1183
3	一分厂	江玉龙	男	580	470	68	982
4	一分厂	李操	男	660	410	56	1014
5	一分厂	仲静静	女	620	450	46	1024
6	一分厂	张瀚文	男	540	542	75	1007
7	一分厂	刘滢	女	835	510	53	1292
8	一分厂	管颖	女	720	460	78	1102
9	一分厂	周永峰	男	720	440	71	1089
10	一分厂	焦银峰	男	850	440	89	1201
11	**一分厂 平均值**			701	464		
12	二分厂	陈珊珊	女	630	540	78	1092
13	二分厂	张刚柱	男	760	470	68	1162
14	二分厂	朱姜鸣	男	640	440	54	1026
15	二分厂	谢娇	女	580	490	46	1024
16	二分厂	王叶萍	女	630	500	74	1056
17	二分厂	龚金丽	女	695	500	72	1123
18	**二分厂 平均值**			656	490		
19	三分厂	董升柳	男	568	530	96	1002
20	三分厂	王子明	男	680	430	85	1025
21	三分厂	刘德霞	女	730	420	65	1085
22	三分厂	童瑞	男	715	500	48	1167
23	三分厂	吕俐诸	男	760	480	78	1162
24	三分厂	孙珊珊	女	660	520	80	1100
25	三分厂	曹红辉	男	680	560	11	1229
26	**三分厂 平均值**			685	491		
27	**总计平均值**			684	480		

图 8-45 分类汇总结果

[小提示]

在做分类汇总之前，必须先按分类字段进行排序，再完成分类汇总操作。

（4）新建工作表，命名为"汇总结果表"。回到"工资分类汇总表"中，将分类汇总表折叠，分类汇总表折叠效果如图 8-46 所示。

	A	B	C	D	E	F	G
1	部门	姓名	性别	工资	奖金	扣款合计	实发工资
11	一分厂 平均值			701	464		
18	二分厂 平均值			656	490		
26	三分厂 平均值			685	491		
27	总计平均值			684	480		
28							
29							

图 8-46　分类汇总表折叠效果

[小提示]

通常做分类汇总时得出的是 3 级，如果要实现多于 3 个级别的分类汇总，可以再次单击"分类汇总"，根据要求设置"分类字段"和"汇总方式"，并确保"替换当前分类汇总"未被勾选，单击"确定"按钮。

（5）选中 A1:A27，按 Ctrl 键再选择 D1:E27，执行"开始"→"编辑"→"查找和选择"→"定位条件"命令，打开"定位条件"对话框，如图 8-47 所示，在"定位条件"对话框中选择"可见单元格"选项，单击"确定"按钮。执行"开始"→"剪贴板"→"复制"命令，单击"汇总结果表"，定位到 A1 单元格，执行"开始"→"剪贴板"→"粘贴"命令，将数据复制到新表中，粘贴后的效果如图 8-48 所示。

图 8-47　"定位条件"对话框

图 8-48　粘贴后的效果

4．数据筛选

（1）打开"工资情况表.xlsx"文件，复制"工资情况表"工作表，新工作表命名为"工资情况自动筛选表"，将工作表"工资情况自动筛选表"中工资大于等于 600 元同时奖金大于等于 500 元的数据筛选出来。

① 打开"工资情况表.xlsx"文件，复制"工资情况表"，并将新工作表重新命名为"工资情况自动筛选表"。

② 鼠标单击工作表"工资情况自动筛选表"中数据清单中的任一位置，单击"开始"→"编辑"→"排序和筛选"→"筛选"命令或者执行"数据"→"排序和筛选"→"筛选"命令，此时数据清单各列标题右边都将出现自动筛选按钮，如图 8-49 所示。

③ 单击"工资"右边的筛选按钮，选择"数字筛选"→"大于或等于"选项，弹出如图 8-50 所示的"自定义自动筛选方式"对话框，在"大于或等于"右边的选框中填入 600，单击"确定"按钮，同样方法筛选出奖金大于等于 500 元的数据，自动筛选后的效果如图 8-51 所示。

（2）打开"工资情况表.xlsx"文件，复制"工资情况表"工作表，新工作表命名为"工资情况高级筛选表"，将工作表"工资情况高级筛选表"中工资大于等于 600 元并且奖金大于等于 500 元的数据筛选出来，筛选数据放置于单元格 A26 开始的区域中。

① 复制"工资情况表"工作表，并将新工作表重新命名为"工资情况高级筛选表"。

② 鼠标单击工作表中的空白位置，输入图 8-52 所示条件数据。

[小提示]

在构建条件数据时，"与"关系的条件必须出现在同一行，"或"关系的条件不能出现在同一行。

信息技术及应用

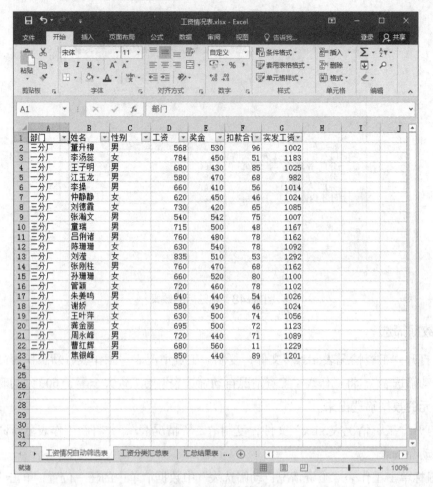

图 8-49 自动筛选

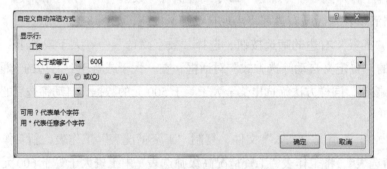

图 8-50 "自定义自动筛选方式"对话框

	A	B	C	D	E	F	G
1	部门	姓名	性别	工资	奖金	扣款合计	实发工资
10	三分厂	童瑞	男	715	500	48	1167
12	二分厂	陈珊珊	女	630	540	78	1092
13	一分厂	刘潆	女	835	510	53	1292
15	三分厂	孙珊珊	女	660	520	80	1100
19	二分厂	王叶萍	女	630	500	74	1056
20	二分厂	龚金丽	女	695	500	72	1123
22	三分厂	曹红辉	男	680	560	11	1229
24							

图 8-51 自动筛选后效果

186

工资	奖金
>=600	>=500

图 8-52　"高级筛选"构建条件

③ 单击数据表中的任一单元格，执行"数据"→"排序和筛选"→"高级"命令，出现如图 8-53 所示的"高级筛选"对话框，"列表区域"选择需要筛选的数据区，"条件区域"选择刚才构造的条件区。如果选择了"将筛选结果复制到其他位置"，"复制到"中填入数据将要复制到的位置即单元格 A26，单击"确定"按钮，完成高级筛选，"高级筛选"完成后效果如图 8-54 所示。

图 8-53　"高级筛选"对话框

	A	B	C	D	E	F	G	H	I	J
1	部门	姓名	性别	工资	奖金	扣款合计	实发工资			
2	三分厂	董升柳	男	568	530	96	1002			
3	一分厂	李汤蕊	女	784	450	51	1183			
4	三分厂	王子明	男	680	430	85	1025			
5	一分厂	江玉龙	男	580	470	68	982			
6	一分厂	李操	男	660	410	56	1014			
7	一分厂	仲静静	女	620	450	46	1024			
8	三分厂	刘德霞	女	730	420	65	1085			
9	三分厂	张瀚文	男	540	542	75	1007			
10	三分厂	童瑞	男	715	500	48	1167			
11	三分厂	吕俐诸	男	760	480	78	1162			
12	三分厂	陈珊珊	女	630	540	78	1092		工资	奖金
13	一分厂	刘滢	女	835	510	53	1292		>=600	>=500
14	二分厂	张刚柱	男	760	470	68	1162			
15	三分厂	孙珊珊	女	660	520	80	1100			
16	二分厂	管颖	女	720	460	78	1102			
17	二分厂	朱姜鸣	男	640	440	54	1026			
18	二分厂	谢娇	女	580	490	46	1024			
19	二分厂	王叶萍	女	630	500	74	1056			
20	二分厂	龚金丽	女	695	500	72	1123			
21	一分厂	周永峰	男	720	440	71	1089			
22	一分厂	曹红辉	男	680	560	11	1229			
23	一分厂	焦银峰	男	850	440	89	1201			
24										
25										
26	部门	姓名	性别	工资	奖金	扣款合计	实发工资			
27	三分厂	童瑞	男	715	500	48	1167			
28	三分厂	陈珊珊	女	630	540	78	1092			
29	一分厂	刘滢	女	835	510	53	1292			
30	三分厂	孙珊珊	女	660	520	80	1100			
31	二分厂	王叶萍	女	630	500	74	1056			
32	二分厂	龚金丽	女	695	500	72	1123			
33	三分厂	曹红辉	男	680	560	11	1229			
34										

图 8-54　"高级筛选"完成后效果

5. 数据透视表

打开"工资情况表.xlsx"文件，复制"工资情况表"工作表，新工作表取名为"工资情况数据透视表"，用数据透视表表示各分厂男、女的"工资""奖金"平均数情况，结果保留1位小数，数据透视表放置在现有工作表 A26 开始的区域中。

（1）复制"工资情况表"工作表，并将新工作表重新命名为"工资情况数据透视表"。将鼠标光标定位在"工资情况数据透视表"数据清单的任一位置处，执行"插入"→"表格"→"数据透视表"命令，弹出"创建数据透视表"对话框，如图 8-55 所示。

图 8-55 "创建数据透视表"对话框

（2）在"创建数据透视表"对话框中选择"选择一个表或区域"前面的单选按钮，单击"表/区域"文本框右边的"折叠"按钮，选择需进行数据分析的数据源。

（3）在"选择放置数据透视表的位置"中可选择"新工作表"或"现有工作表"。选择"现有工作表"，并选择表中要显示的位置为 A26，单击"确定"按钮，打开"数据透视表字段"对话框。

（4）在"数据透视表字段"对话框中，在"部门""性别"字段前打"√"，添加数据透视表字段，"部门"和"性别"是行标签。单击"数值"文本框内的"求和项：工资"选项，在出现的菜单中选择"值字段设置"，打开相应对话框，如图 8-56 所示，在"计算类型"中选择"平均值"。用同样的方法，将"奖金"也设为"平均值"，如图 8-57 所示，即完成了数据透视表的创建。

（5）在图 8-56 所示的"值字段设置"对话框中单击"数字格式"按钮，弹出"设置单元格格式"对话框，设置字段为数值类型，保留1位小数，完成后的效果如图 8-58 所示。

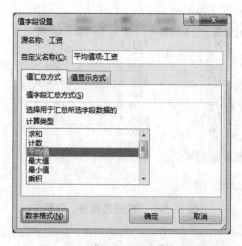

图 8-56　"值字段设置"对话框

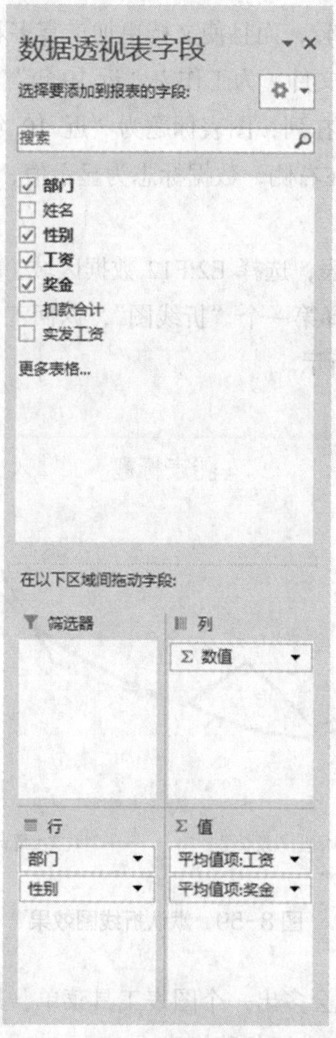

数据透视表字段　　▾ ✕

选择要添加到报表的字段：　　✿ ▾

搜索　🔍

☑ 部门
☐ 姓名
☑ 性别
☑ 工资
☑ 奖金
☐ 扣款合计
☐ 实发工资

更多表格…

在以下区域间拖动字段：

▼ 筛选器 | ⦀ 列
| Σ 数值 ▾

⦀ 行 | Σ 值
部门 ▾ | 平均值项:工资 ▾
性别 ▾ | 平均值项:奖金 ▾

图 8-57　"数据透视表字段"对话框

行标签 ▼	平均值项:工资	平均值项:奖金
⊟一分厂	701.0	463.6
男	670.0	460.4
女	739.8	467.5
⊟二分厂	655.8	490.0
男	700.0	455.0
女	633.8	507.5
⊟三分厂	684.7	491.4
男	680.6	500.0
女	695.0	470.0
总计	683.5	479.6

图 8-58 "数据透视表"效果

6. 图表的使用

Excel 2016 提供了强大的图表功能，利用图表，可以直观、形象地表示数据和数据之间的关系，不仅使数据易于分析和比较，而且使文档更加丰富多彩。

打开"国家财政收支.xlsx"文件，为工作表"近 10 年"中财政收入和支出增长速度数据制作一个折线图，要求序列产生在列，图表标题为"近 10 年财政收入和支出增长速度"，Y 轴标题为"百分比"，图例显示在右侧，数据标志为显示值，设置图表标题为宋体、18 号字，Y 轴标题字体为宋体、16 号字。

（1）选择"近 10 年"工作表，选择 E2:F12 数据区域，单击"插入"→"图表"→"折线图"，从"二维折线图"中选择第一个"折线图"，返回工作表界面，此时工作表中已经生成默认折线图效果，如图 8-59 所示。

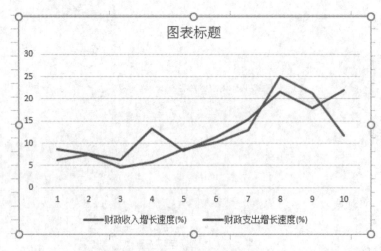

图 8-59 默认折线图效果

（2）图表生成后，在界面上会多出一个图表工具菜单，其中包括"设计""格式"两个选项卡，如图 8-60 所示，可对图表进行各种修改。

图 8-60　图表工具

（3）选择"设计"下的"更改图表类型"按钮，打开"更改图表类型"对话框，可修改图表的类型。"切换行/列"可将图表中数据的行和列交换。单击"选择数据"按钮，会打开"选择数据源"对话框［见图 8-61（a）］，单击"水平（分类）轴标签"下的"编辑"按钮，在弹出的图 8-61（b）所示"轴标签"对话框中选择轴标签区域为 B3:B12，单击"确定"按钮后如图 8-61（c）所示，在该对话框中还可切换行/列、添加或删除系列、更改数据区域等。在"设计"→"图表布局"→"快速布局"中可选择图表最终显示的布局内容，这里选择第一行第一列的布局。在图表样式中可改变图表最终的显示样式。选择"设计"下的"移动图表"选项，可打开"移动图表"对话框，如图 8-62 所示，可改变图表最终放置的位置，若选择"新工作表"，则图表会成为一张新工作表，可在右边的文本框中输入新工作表的名称。

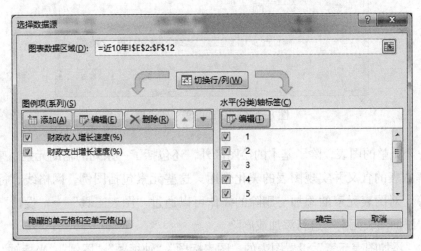

（a）

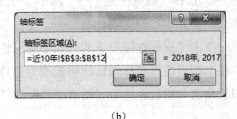

（b）

图 8-61　选择数据源

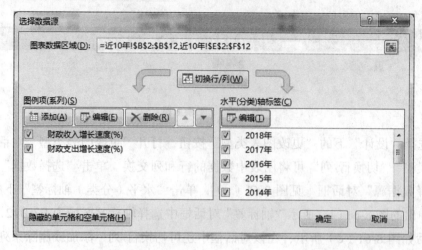

图 8-61　选择数据源（续）

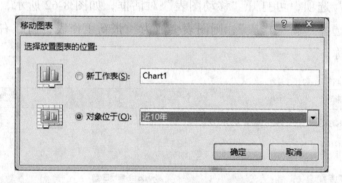

图 8-62　"移动图表"对话框

（4）一个完整的图表，除了基本的绘图区外，还包括了一系列的辅助元素，来帮助人们更好地理解图表的含义并实现图表的美化作用。这些元素包括图例、网格线、标题、坐标轴、标签等。对图表元素的添加与删除的操作可以通过"图表工具"→"设计"→"图表布局"→"添加图表元素"进行添加或删除。

可通过"添加图表元素"设置图表的"图表标题""轴标题""图例""坐标轴"等相关内容的显示格式，如图 8-63 所示。选择"数据标签"→"居中"命令，为图表增加值的显示。选中纵坐标标题，选择"添加图表元素"→"轴标题"→"更多轴标题选项"命令，在弹出的设置坐标轴标题格式面板中单击"标题选项"下的"大小与属性"→"对齐方式"→"文字方向"→"竖排"选项，将本图表的纵坐标轴标题格式改为竖排。选中该图表，可以在编辑栏前的图表名称框中为图表命名"增长速度"。"图表工具"的"格式"选项卡是对图表进行一些特殊格式的设置。

（5）在图表上直接单击图表标题，再将光标置于文本框内，修改图表标题为"近 10 年财政收入和支出增长速度"，也可在标题上右击，从快捷菜单中选择"编辑文字"进行标题的修改，使用同样的方法将纵坐标轴标题改为"百分比"。修改图表标题字体格式，先选中对象，再切换到"开始"选项卡，或在对象上右击，从快捷菜单中选择"字体"，设置标题为宋体、18 号字，用同样的方法将纵坐标轴标题设置为宋体、16 号字。图表修改后的效果如图 8-64 所示。

		财政收入(亿元)	财政支出(亿元)	财政收入增长速度(%)
		183359.84	220904.13	6.2
		172592.77	203085.49	7.4
		159604.97	187755.21	4.5
		152269.23	175877.77	5.8
		140370.03	151785.56	8.6
		129209.64	140212.1	10.2
		117253.52	125952.97	12.9
		103874.43	109247.79	25
11	2010年	83101.51	89874.16	21.3
12	2009年	68518.3	76299.93	11.72
13				

图 8-63 "添加图表元素"菜单

图 8-64 图表修改后的效果

实训 9 Excel 综合练习 1

【实训目的】

掌握用 Excel 进行数据处理的方法。

【实训内容】

根据 ex9 文件夹中 ex9.xlsx 提供的数据，利用 Excel 软件，按要求完成操作。

（1）在表格的最上端插入 1 行，输入表标题"学生成绩统计表"，合并居中显示（A-F 列），设置其字体为华文琥珀，大小为 14 号字。

（2）在成绩分数区域设置数据验证条件，即 B3:D10 单元格只接受 0～100（含 0 和 100）的整数，并设置提示信息"只可输入 0～100 的整数"。

（3）用函数计算总分和平均分（平均分保留 1 位小数）。

（4）建立嵌入式堆积条形图表，比较最后 4 位同学三门课的成绩。图表布局选"布局 2"，图表标题为"三门课程比较图"。

（5）不改变数据表次序，在名次列根据总分从高到低显示学生名次（利用 RANK.EQ 函数）。

（6）重命名该工作表为"成绩表"。

（7）复制"成绩表"中 A1:F10 中的数据到 Sheet2 表中，在"姓名"前插入"学号"列和"性别"列，相关数据从"学号.txt"文件中获取。

（8）在 I2 单元格输入"优秀否"，用 IF 函数在 I 列计算是否优秀（平均分大于或等于 90 分为优秀），否则不显示任何字符。

（9）对 D3:F10 分数区设置条件格式。当分数在 90 及以上时用绿色、倾斜字体显示；当分数低于 60 分时填充黄色，且用红色、加粗字体显示。

（10）复制 Sheet2 中 A1:I10 中的数据到 Sheet3 表中，重命名为"分类汇总表"，建立分类汇总，按性别分别统计三门课程的平均分，数据保留 1 位小数。

（11）在 Sheet2 中筛选出总分低于平均值的同学记录。

（12）以"学生成绩"为文件名保存该工作簿到 ex9 文件夹中。

实训 10 　 Excel 综合练习 2

【实训目的】

掌握用 Excel 进行数据处理的方法。

【实训内容】

根据 ex10 文件夹中 ex10.xlsx 提供的数据，利用 Excel 软件，按要求完成操作。

（1）利用公式计算总成绩（总成绩 = 平时成绩×20%+期末成绩×80%），结果保留到整数。

（2）将出生年月设置为"××××年×月"的格式。

（3）将标题区（A1:F1）字体设置为华文行楷、16 号字，合并居中（A-F 列），加下划线显示。

（4）设置 A3:F3 单元格区域为黑体，背景颜色设置为"茶色，背景 2，深色 25%"；设置 A4:F11 单元格区域的背景颜色为"橄榄色，个性色 3，淡色 40%"。

（5）设置 A3:F11 区域文字居中显示，内框线为最细实线，外边框为最粗实线。

（6）重命名工作表为"成绩单"。

（7）高级筛选出平时、期末及总成绩均高于 90 分（含 90 分），或一班总成绩高于 85 分的记录，放置在 A18 开始的位置。

（8）建立数据透视表，按班级分别统计平时、期末和总成绩的平均值，并将统计结果存放到本工作表 A24 单元格开始的位置，将分类字段置于列，计算结果保留 1 位小数，数据透视表样式选中等深浅 24。

（9）以"高等数学"为文件名保存该工作簿到 ex10 文件夹中。

第 9 章　PowerPoint 演示文稿实训

PowerPoint 2016 是 Microsoft Office 2016 的一个组成部分，是专门的演示文稿制作软件。利用 PowerPoint 2016 能够制作出集文字、图形、图像、声音及视频等多媒体元素于一体的演示文稿，让信息以图文并茂的形式表达出来。用户可以在投影仪上或计算机上进行演示，非常适合于课堂教学、学术演讲、产品演示、商务沟通、广告宣传等需要多媒体演示的场合。

本章共安排了两个实训，分别是"制作演示文稿""PowerPoint 综合练习"。通过对这两个实训的学习，读者可以轻松掌握 PowerPoint 2016 软件的操作方法，能够制作出包含文字、图片、SmartArt 图形等对象在内的演示文稿，并能够为对象添加动画效果及幻灯片的切换效果，在合适的场合进行播放，提高演讲、宣传等方面的工作效果。

实训 11　制作演示文稿

【实训目的】

1. 掌握 PowerPoint 的基础。
2. 掌握制作简单的演示文稿。
3. 掌握演示文稿的显示视图。
4. 掌握修饰幻灯片的外观。
5. 掌握添加图形、表格和艺术字。
6. 掌握添加多媒体对象。
7. 掌握幻灯片放映设计。

【实训内容】

（1）打开 ex11 文件夹中 web1.pptx，完成相应操作。

（2）将所有幻灯片应用主题"水滴"。

（3）交换第 2 张和第 3 张幻灯片的位置。

（4）在第 1 张幻灯片前面插入一张新幻灯片，版式为"标题幻灯片"，在标题处输入"快乐读书"。并将标题改成"填充：橙色，主题色 5；边框：白色，背景色 1；清晰阴影：橙色，主题色 5"艺术字，并将艺术字的文本效果设置为"发光：18 磅；橙色，主题色 5"，适当调整艺术字大小。

（5）将第 4 张幻灯片版式改为"两栏内容"，在右边插入图片"图片 1.jpg"，设置图片的高度为 10 厘米，宽度为 9 厘米，设置图片的图片效果为"角度棱台"。

（6）将第 2 张幻灯片里面内容转换为 SmartArt 图形"垂直块列表"。更改 SmartArt 图形的颜色效果为"彩色范围-个性色 5 至 6"，SmartArt 样式为"强烈效果"。

（7）为第 2 张幻灯片中 SmartArt 图形做超链接，分别链接到相对应的幻灯片。

（8）在最后 1 张幻灯片右下角插入"转到开头"动作按钮，链接到第 1 张幻灯片。

（9）为第 4 张幻灯片中文本添加"浮动"动画效果，为图片添加"轮子"动画效果。为其他幻灯片设置自己喜欢的动画效果。

（10）设置所有幻灯片的切换效果为"百叶窗"，垂直效果，持续时间为 3s，伴有风铃声。

（11）将幻灯片大小设置为"35 毫米幻灯片"，按比例缩小以确保适应新幻灯片。除标题幻灯片外，在其他幻灯片中插入自动更新的日期和时间（样式为×××××年××月××日）及幻灯片编号。

（12）设置幻灯片的放映方式为循环放映，按 Esc 键终止。

（13）将演示文稿以文件名 web1、文件类型 PowerPoint 演示文稿（.pptx）保存在 ex11 文件夹中，如图 9-1 所示。

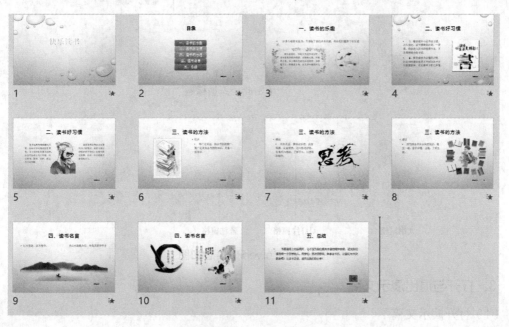

图 9-1　web1 样张图

【知识点讲解】

1. 启动与退出 PowerPoint

（1）启动 PowerPoint

启动 PowerPoint 的方法通常有以下两种。

① 常规方法。单击"开始"中的"Microsoft Office"→"Microsoft PowerPoint 2016"，打开"Microsoft PowerPoint 2016"。

② 快捷方法。双击桌面上已经创建的 PowerPoint 2016 快捷方式图标。

（2）退出 PowerPoint

退出 PowerPoint 的方法通常有以下 3 种。

① 单击"文件"选项卡下的"关闭"按钮。

② 单击 PowerPoint 2016 窗口标题栏右端的关闭按钮。

③ 按 Alt+F4 组合键。

2. PowerPoint 窗口

PowerPoint 窗口由标题栏、选项卡、功能区、幻灯片窗格、备注窗格和大纲窗格等组成，如图 9-2 所示。

图 9-2 PowerPoint 窗口图

3. 打开与退出演示文稿

（1）打开演示文稿

对于已经存在的演示文稿，若要编辑或放映，需要先打开它。方法有以下两种。

① 双击要打开的演示文稿文件。

② 单击"文件"选项卡，单击"打开"按钮，在弹出的"打开"对话框中选择要打开的文件。

（2）退出演示文稿

完成了演示文稿的编辑、保存或放映后，单击演示文稿的关闭按钮，即可退出演示文稿。

4．创建演示文稿

在 PowerPoint 中，单击"文件"选项卡，选择"新建"选项，在右侧单击"空白演示文稿"按钮，即可创建一个空白演示文稿（见图 9-3）。

图 9-3　新建空白演示文稿图

单击"开始"选项卡下"幻灯片"组中"新建幻灯片"按钮，为新幻灯片选择一个版式，并添加新的内容（见图 9-4）。

5．编辑幻灯片中的基本信息

（1）输入文本

单击想要输入文本的位置，出现闪动的插入点后，直接输入文本内容即可。如果需要在其他位置输入文本，则需要单击"开始"选项卡下"绘图"组中"文本框"按钮，将指针移动到合适的位置，按鼠标左键拖曳出大小合适的文本框，然后在该文本框中输入所需要的信息。

（2）替换原有文本

选中要替换的文本，按 Delete 键，删除原有的文本信息，然后输入新的文本内容；也可以直接在要替换的文本后面直接输入文本内容。

图 9-4 选择幻灯片版式图

（3）插入与删除文本

① 插入文本。单击插入位置，输入要插入的文本。新文本将插入当前插入点的位置。

② 删除文本。用鼠标选中要删除的文本，按键盘上的 Delete 键，即可删除文本。

（4）移动（复制）文本

选择要移动（复制）文本框中的文字，此时文本框四周会出现 8 个控制点，将指针移动到边框上，当指针成十字箭头时（按住 Ctrl 键）将之拖曳到目标位置。

（5）改变文本框大小

单击文本框，此时文本框四周会出现 8 个控制点，将指针移动到边框上，上下或左右拖动鼠标即可改变文本框的大小。

（6）例题

打开 web2.pptx，在第 1 张幻灯片的标题处输入"计算机基础"。具体操作步骤如下。

① 打开演示文稿 web2.pptx。

② 在第 1 张幻灯片的标题处输入"计算机基础"，效果如图 9-5 所示。

6. 在演示文稿中添加和删除幻灯片

（1）插入幻灯片

① 在当前幻灯片位置插入一张幻灯片（新幻灯片将插在该幻灯片之后）。

② 在"开始"功能区的"幻灯片"分组中，单击"新建幻灯片"下拉按钮，选择合适的版式。

图 9-5　插入标题图

（2）插入当前幻灯片的副本

单击"开始"选项卡的"幻灯片"组中"新建幻灯片"下拉按钮，选择"复制所选幻灯片"选项，插入一张与之前相同的幻灯片（新幻灯片将插在该幻灯片之后），并按照要求修改内容即可。

（3）删除幻灯片

定位到要删除的幻灯片，按键盘上的 Delete 键，即可删除幻灯片。

（4）例题

打开 web2.pptx，在第 1 张幻灯片后面插入一张"标题和内容"版式的幻灯片，在文本区输入"电子计算机""ENIAC""计算机的应用"内容，如图 9-6 所示。

7. 保存演示文稿

（1）使用保存工具按钮

① 单击快速访问工具栏上的"保存"按钮。若是第一次保存，会出现"另存为"对话框，如图 9-7 所示。

② 单击"保存位置"栏的下拉按钮，选择要保存文件的位置。

③ 在"文件名"处输入文件名，保存类型默认为.pptx 格式。

④ 单击"保存"按钮，完成保存。

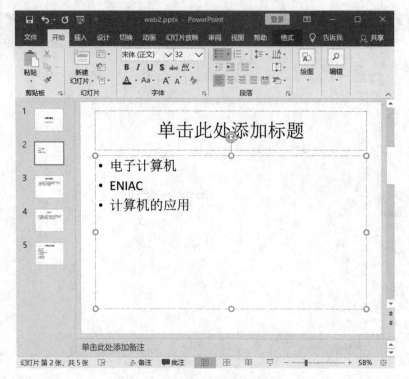

图 9-6　插入新幻灯片图

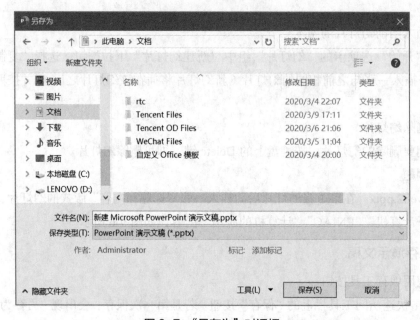

图 9-7　"另存为"对话框

（2）使用菜单命令

单击"文件"选项卡下的"保存"按钮，若是第一次保存，也会出现"另存为"对话框，只要确定文件路径及文件名，再单击"保存"按钮即可。

（3）已存在的演示文稿换名保存

单击"文件"选项卡下的"另存为"按钮，弹出"另存为"对话框，然后按照要求在"文件名"处更换新的文件名，并单击"保存"按钮。

8. 用母版统一幻灯片的外观

PowerPoint 中有一类特殊的幻灯片，称为母版。

（1）为每张幻灯片增加相同的对象

由于幻灯片母版上的对象将出现在每张幻灯片的相同位置上，因此如果要让文本或图形出现在每一张幻灯片相同的位置上，最好的办法是把文本或图形添加到幻灯片母版上。

① 单击"视图"选项卡"母版视图"组中的"幻灯片母版"按钮，出现该演示文稿的幻灯片母版。

② 单击"插入"选项卡"图像"组中的"图片"按钮，出现"插入图片"窗口。

③ 在"插入图片"窗口中选择需要的图片。

④ 单击"插入"按钮后则将该图片插入幻灯片的母版中。

⑤ 单击"关闭母版视图"按钮，退出幻灯片母版。

（2）例题

打开 web2.pptx，在幻灯片右上角添加一张图片 1.jpg，并适当调整大小。操作步骤如下。

① 打开 web2.pptx。

② 打开母版视图，单击"插入"选项卡"图像"组中的"图片"按钮，按要求完成操作（见图 9-8）。

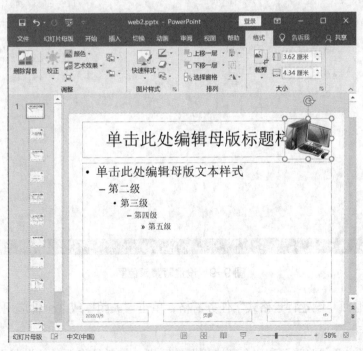

图 9-8　母版中插入图片

9. 幻灯片主题和背景的设置

（1）设置主题

选用某一种标准主题颜色（字体、效果），然后单击"设计"选项卡"变体"组中"颜色""字体""效果"下拉按钮，出现"主题颜色""主题字体""主题效果"列表，可在列表中选择合适的方案。

（2）设置背景

幻灯片的背景是幻灯片中一个重要的组成部分，改变幻灯片背景可以使幻灯片整体面貌发生变化，较大程度地改善放映效果。可以在 PowerPoint 中轻松改变幻灯片背景的颜色、过渡、纹理、图案及背景图像等。

① 改变背景颜色。改变背景颜色的操作就是为幻灯片的背景均匀地"喷"上一种颜色，快速地改变整个演示文稿的风格。

a. 在"设计"功能区的"自定义"分组中单击"设置背景格式"按钮，出现"设置背景格式"任务窗格。

b. 单击"填充"按钮，选中"纯色填充"单选按钮，在"颜色"下拉列表中选择需要使用的背景颜色。如果没有合适的颜色，可以单击"其他颜色"选项，在弹出的"颜色"对话框中设置。选择好颜色后，单击"确定"按钮（见图9-9）。

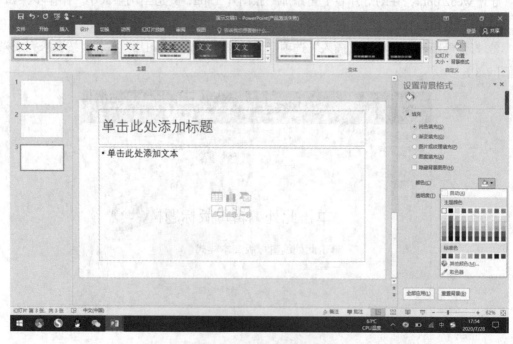

图9-9 设置背景颜色图

c. 这时将返回"设置背景格式"任务窗格，单击"关闭"或"全部应用"按钮完成背景颜色设置的操作。

这里请大家注意"关闭"和"全部应用"的区别：前者是将颜色的设置用于当前幻灯片；

后者是将颜色的设置用于该演示文稿的所有幻灯片。

② 改变背景的其他设置。

a. 在"设计"功能区的"自定义"分组中单击"设置背景格式"选项，弹出"设置背景格式"任务窗格。

b. 单击"填充"按钮，选中"渐变填充"或其他填充效果，选择需要使用的背景。

c. 单击"关闭"或"全部应用"按钮完成背景设置的操作。

"填充效果"有四种类型:纯色填充、渐变填充、图片或纹理填充、图案填充。

（a）纯色填充。PowerPoint 提供了单色及自定义颜色来修改幻灯片的背景色，即幻灯片的背景色是一种颜色。

（b）渐变填充。幻灯片的背景以多种颜色进行显示，包括预设颜色、类型、方向、角度、渐变光圈等的设置。

（c）图片或纹理填充。幻灯片的背景以图片或者纹理形式来显示，包括纹理、插入自、将图片平铺为纹理、平铺选项、透明度等的设置。"纹理"中包括一些质感较强的背景，应用后会使幻灯片具有特殊材料的质感（见图 9-10）。

图 9-10 设置"纹理"图

（d）图案填充。一系列网格状的底纹图形，由背景色和前景色构成，其形状多是线条形和点状形。

在 PowerPoint 的背景中，"填充颜色""渐变""纹理""图案"或是"图片"只能使用一种。也就是说，如果先选择了"纹理"，然后又选择了"图片"，则幻灯片只应用"图片"效果。

可以使用这种方法来删除背景的效果。例如，在"背景"对话框中选择"填充颜色"为白色，幻灯片的背景图案就会消失。

（3）例题

打开 web2.pptx，为第 1 张幻灯片设置"新闻纸"纹理图，如图 9-11 所示。

图 9-11　设置"新闻纸"纹理图

10. 应用设计模板

（1）使用模板设计

用户可以直接使用 PowerPoint 提供的设计模板，既可用于创建新演示文稿，也能用于已经存在的演示文稿中。

（2）例题

打开 web2.pptx，使用"画廊"主题设计模板修饰所有幻灯片，如图 9-12 所示。

11. 插入艺术字

（1）创建艺术字

① 单击"插入"选项卡"文本"组中的"艺术字"下拉按钮，出现"艺术字库"，如图 9-13 所示。

② 在"艺术字库"中单击一种艺术字样式，出现"编辑'艺术字'文字"文本框，如图 9-14 所示。用户可以在该文本框中输入文本，还可以设置字体、字号和字形等。

图 9-12　设置"画廊"主题图

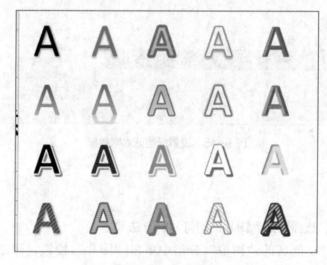

图 9-13　艺术字库

请在此放置您的文字

图 9-14　"编辑'艺术字'文字"文本框

（2）修饰艺术字的效果

创建艺术字后，如果效果不好，还可以进行大小、颜色、形状，以及缩放、旋转等修饰处理。

选择艺术字，其周围会出现 8 个白色控点、1 个绿色控点和 1 个黄色小菱形。拖动白色控点可以改变艺术字的大小，拖动黄色小菱形可以改变艺术字的变形幅度，拖动绿色控点可以自由旋转艺术字。

（3）例题

打开 web2.pptx，将第 1 张幻灯片中标题部分变为艺术字，采用第 1 行第 3 列样式，如图 9-15 所示。

图 9-15　设置标题艺术字效果

12. 插入图片

（1）插入图片

在普通视图下，选择要插入图片的幻灯片，方法如下。

① 在"插入"功能区的"图像"分组中单击"图片"按钮，弹出"插入图片"对话框。

② 在"查找范围"栏中选择目标图片存储的位置，并在缩略图中选中需要的图片，然后单击"插入"按钮。

（2）调整图片的大小和位置

选择图片并拖曳其上下（左右）边框的控点，就可以在垂直（水平）方向上缩放。拖曳图片四角之一的控点可以在水平和垂直两个方向上同时进行缩放。

（3）例题

打开 web2.pptx，在第 5 张幻灯片的右边插入图片 2.jpg，并适当调整其大小，如图 9-16 所示。

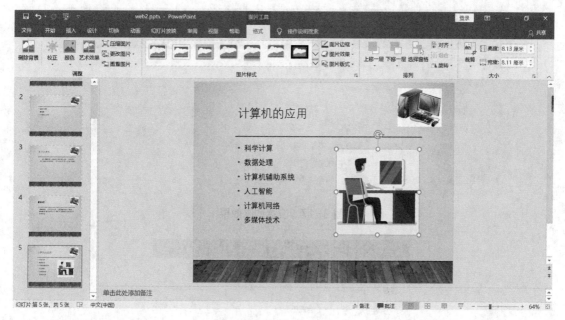

图 9-16　插入图片

13. 为幻灯片中的对象设置动画效果

自定义动画效果的方法如下。

（1）在普通视图下选择需要设置动画的幻灯片，然后在"动画"功能区的"高级动画"分组中单击"动画窗格"按钮，出现"动画窗格"任务窗格。

（2）在幻灯片中选择需要设置动画的对象，然后单击"添加动画"按钮，出现下拉菜单，其中有"进入""强调""退出"和"动作路径"四个菜单，每个菜单均有相应动画类型命令。

（3）选择某类型动画。例如，选择"进入"中"飞入"命令，则激活"动画窗格"任务窗格的各项设置。

（4）根据需要对各项进行设置所示。

在"动画"功能区的"计时"分组中，"开始"下拉列表用于设置开始动画的方式，"持续时间"框用于设置飞入的速度；在"动画"分组中，"效果选项"下拉列表用于选择飞入方向。

（5）设置完成后，再设置下一个要素。

（6）待所有的要素都设置完毕后，完成动画设置的操作。

动画设置后，可以播放幻灯片来看一看设置的效果。如果还需要调整，则重新进入"动画"功能区中，按照以上步骤重新设置即可。

（7）例题。打开 web2.pptx，将第 1 张幻灯片的标题动画效果设为"飞入"，如图 9-17 所示，方向设为"自右下部"，如图 9-18 所示。

图 9-17　设置动画效果

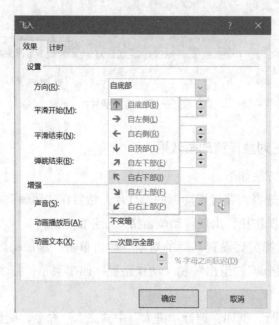

图 9-18　设置动画"飞入"方向

14. 幻灯片的切换效果设计

设置幻灯片切换效果的方法如下。

（1）打开演示文稿，在"切换"功能区"切换到此幻灯片"分组中的"幻灯片切换方式"列表中选择要设置幻灯片切换方式。单击"效果选项"下拉按钮，有"自顶部""自右侧""自底部""自左侧""自右上部""自右下部""自左上部"和"自左下部"8 项，选择需要的切换效果。

（2）在"切换"功能区的"计时"分组中，在下方"持续时间"栏中可以选择幻灯片的持续时间，在"声音"栏中可以选择切换时的声音效果。

（3）在"换片方式"栏中可以设置幻灯片的换片方式，有"单击鼠标时"和"设置自动换片时间"两种方式。

（4）此时，所设置的幻灯片切换效果只适用于所选幻灯片（组）。要想让全部幻灯片均采用该效果，可以单击"应用到全部"按钮。

（5）例题。打开 web2.pptx，将全部幻灯片的切换效果设置为"溶解"，如图 9-19 和图 9-20 所示。

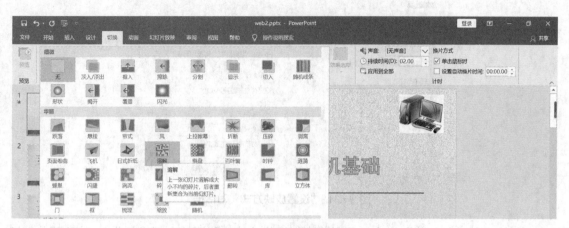

图 9-19　设置切换效果

图 9-20　设置切换效果"溶解"全部应用

15. 幻灯片的放映方式设计

（1）演讲者放映（全屏幕）

演讲者放映是全屏幕放映，这种放映方式适合于会议或教学场合，放映进程由演讲者自己控制。若想自动放映，则必须事先进行排练计时，使放映速度适合观众。

（2）观众自行浏览（窗口）

这种方式适合用于展览会等场合，观众可以利用窗口命令控制放映进程。

（3）在展台浏览（全屏幕）

这种方式采用全屏幕放映，适合无人看管的场合。演示文稿自动循环放映，观众能看但不能控制。

放映方式设置方法如下。

① 打开演示文稿，单击"幻灯片放映"选项卡中"设置"组中"设置幻灯片放映"按钮，出现"设置放映方式"对话框，如图 9-21 所示。

② 在"放映类型"栏中，可以选择"演讲者放映（全屏幕）""观众自行浏览（窗口）"和"在展台浏览（全屏幕）"三种方式之一。若选择"在展台浏览（全屏幕）"方式，则自动采用循环放映，按 Esc 键才能终止放映。

信息技术及应用

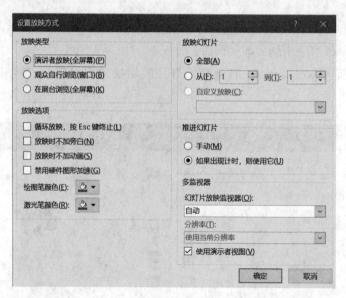

图 9-21 "设置放映方式"对话框

③ 在"放映幻灯片"栏中，可以确定幻灯片的放映范围（全部或部分）。放映部分幻灯片时，可以指定放映幻灯片的开始序号和终止序号。

④ 在"推进幻灯片"栏中，可以选择控制放映速度的两种换片方式之一。"演讲者放映（全屏幕）"和"观众自行浏览（窗口）"放映方式强调自行控制放映，因此常采用"手动"换片方式；而"在展台浏览（全屏幕）"方式通常无人控制，因此选择"如果出现计时，则使用它"的换片方式。

（4）例题

打开 web2.pptx，设置幻灯片放映方式为"观众自行浏览（窗口）"，如图 9-22 所示。

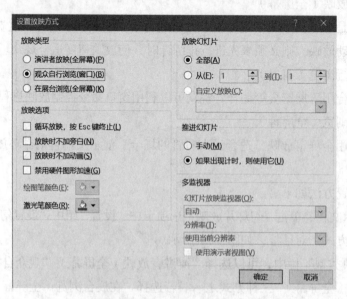

图 9-22 设置放映方式为"观众自行浏览（窗口）"

212

16．交互式放映文稿

（1）为动作按钮设置超链接

PowerPoint 提供了一组动作按钮，并为它设置了超链接，放映时单击它就可以激活该超链接，从而改变执行顺序，转而放映超链接规定的幻灯片或另一个演示文稿。

为动作按钮设置超链接的方法如下。

① 选中要插入动作按钮的幻灯片中的元素，在"插入"功能区的"链接"分组中单击"动作"按钮。

② 在弹出的"动作设置"对话框中选择"单击鼠标"选项卡，并在"单击鼠标时的动作"栏中选中"超链接到"单选按钮，单击其下拉按钮，在出现的下拉列表中选择要链接的对象。

③ 例题。打开 web2.pptx，在最后一张幻灯片右下角插入一个"空白"动作按钮，超链接到第 1 张幻灯片，如图 9-23 所示。

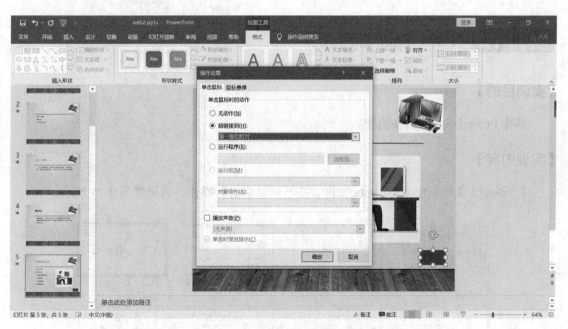

图 9-23　添加"空白"动作按钮

（2）为文本设置超链接

① 选择要设置超链接的文本。右键单击该文本，在弹出的快捷菜单中选择"超链接"命令，弹出"插入超链接"对话框，在对话框中选择链接对象。

② 链接对象不在当前文件夹时，在"查找范围"下拉列表中选择要链接的文件（夹）即可。

③ 例题。打开 web2.pptx，将第 2 张幻灯片中文本内容超链接到相应内容幻灯片，如图 9-24 所示。

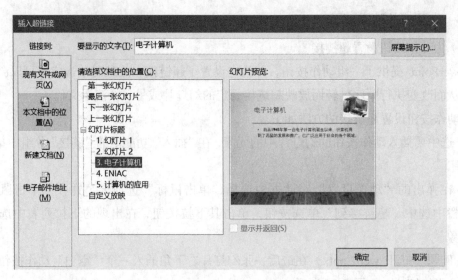

图 9-24　创建超链接

实训 **12**　PowerPoint 综合练习

【实训目的】

掌握 PowerPoint 的制作流程。

【实训内容】

打开 ex12 文件夹中 web1.pptx 文件，按下列要求进行操作，效果如图 9-25 所示。

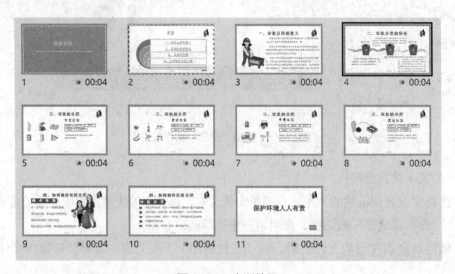

图 9-25　实训效果

（1）为所有幻灯片应用主题"基础"。

（2）参考样张，利用幻灯片母版，在所有幻灯片标题右侧适当位置插入图片 1.jpg。

（3）交换第 1 张和第 2 张幻灯片的顺序。

（4）在第 1 张幻灯片前面插入 1 张新幻灯片，修改版式为"标题和内容"。在"单击此处添加标题"的占位符中输入"目录"，并居中。在"单击此处添加文本"的占位符中按照样张输入文字内容。

（5）将第 1 张幻灯片中的文本转换成 SmartArt 图形"目标图列表"，设置图形中的所有文字字体为仿宋，字号为 32。文本效果为左下透视阴影。将图形更改颜色为"渐变范围-个性色 1"，形状效果为"角度棱台"。

（6）为第 1 张幻灯片中所有文字创建超链接，链接到相应幻灯片中。

（7）在最后 1 张幻灯片后面插入 1 张新幻灯片，修改版式为"标题幻灯片"。在"单击此处添加标题"的占位符中，输入文字"垃圾分类"，并将其转换为"填充：白色；轮廓：黄色，主题色 5；阴影"艺术字，适当调整文字大小。最后将幻灯片移动到第 1 张幻灯片位置。

（8）修改第 2 张幻灯片的图案填充背景为"苏格兰方格呢"，前景色为"绿色，个性色 1"，背景色为"白色，背景 1"。

（9）除标题幻灯片外，在其他幻灯片中插入幻灯片编号以及页脚"垃圾分类"。

（10）在第 2 张幻灯片右下方插入文本框，设置文本框边框为无线条，并输入文字"了解更多"，设置其字体为华文琥珀，字号 16。

（11）在最后 1 张幻灯片的右下方插入一个"空白"动作按钮，链接到第一张幻灯片，并为其添加文字"返回"。

（12）设置第 3 张幻灯片中标题文本的进入动画为"上浮"，中速（2s）播放。设置文本动画为单击时"螺旋飞入"，持续时间 0.5s。

（13）设置所有幻灯片的切换方式为"闪耀"，效果为"从左侧闪耀的菱形"，每隔 4s 自动换片，伴有"风铃"声。

（14）设置幻灯片的放映方式为循环放映，按 Esc 键终止。

（15）将演示文稿以文件名 web1、类型 PowerPoint 演示文稿（.pptx）保存在 ex12 文件夹中。

第 10 章　综合实训

通过前面的学习，读者已基本掌握了 Windows 操作系统和上网的基本操作以及 Word、Excel、PowerPoint 等软件的使用方法，但是这些软件经常需要综合应用才能解决工作中的实际问题。所以如何综合应用这类软件，去解决实际问题，是本章需要解决的问题。

本章共安排了五个实训，主要是 Windows 和上网的基本操作以及 Word、Excel、PowerPoint 等软件的综合应用。通过这些实训，要求熟练掌握 Windows 系统和上网的基本操作，以及 Word、Excel、PowerPoint 等软件的综合应用和使用技巧。

实训 13　综合练习 1

【实训目的】

1. 熟练掌握 Windows 文件资源管理器的使用方法及文件和文件夹的基本操作。
2. 熟练掌握 IE 浏览器属性的基本设置和电子邮箱的基本使用。
3. 熟练掌握 Word 编辑文档的常用方法。
4. 熟练掌握利用 Excel 进行数据处理的技巧。
5. 熟练掌握 PowerPoint 幻灯片的制作方法。

【实训内容】

（1）打开 ex13 文件夹，按下列要求完成相应操作。

① 将 ex13 文件夹下 EDITS\POSES 文件夹中的文件 CENTER.pas 设置为隐藏属性。

② 将 ex13 文件夹下 BRAND\BAND 文件夹中的文件 GRASSES.for 删除。

③ 在 ex13 文件夹下 CAMP 文件夹中建立一个新文件夹 COOP。

④ 将 ex13 文件夹下 STUDENT\TESTS 文件夹中的文件夹 SAM 复制到 ex13 文件夹下的 KIDS\CARD 文件夹中，并将文件夹改为 HELP。

⑤ 将 ex13 文件夹下 CLOUDY\SUN 文件夹中的文件夹 MOON 移动到 ex13 文件夹下的 MONK 文件夹中。

（2）请根据题目要求，完成下列操作。

① 浏览 http://www.yzpc.edu.cn/2020/0318/c386a30324/page.htm 页面，将页面以 "GB2312.htm"

名字保存到 ex13 文件夹中。

② 接收并阅读由 xuexq@mail.neea.edu.cn 发来的 E-mail，并立即回复，回复内容："同意您的安排，我将准时出席。"

（3）在 ex13 文件夹下，打开 WORD.docx，按照要求完成下列操作并以该文件名（WORD.docx）保存文档。

① 将文中所有"最低生活保障标准"替换为"低保标准"，将标题段文字（"低保标准再次调高"）设置为三号楷体、居中、字符间距加宽 3 磅，并添加 1.5 磅蓝色（标准色）阴影边框。

② 将正文各段文字（"本报讯……纳入农村低保范围。"）设置为五号华文宋体，首行缩进 2 字符、段前间距 0.5 行，正文中"本报讯"和"又讯"设置为小四号黑体。

③ 将正文第 3 段中重复的"联合印发"删除一个，再将正文第 3 段分为等宽的两栏，栏间距为 1 字符，栏间加分隔线。

④ 设置页面颜色为"茶色，背景 2，深色 10%"。

⑤ 在页面底端插入"普通数字 3"样式页码，设置页码编号格式为"Ⅰ、Ⅱ、Ⅲ、…"。

⑥ 为页面添加内容为"新闻"的文字水印。

⑦ 在正文下方插入一个 6 行 6 列表格，设置表格居中，设置表格列宽为 2 厘米、行高最小值为 0.4 厘米。

⑧ 设置表格外框线为 1.5 磅绿色（标准色）单实线，内框线为 1 磅绿色（标准色）单实线。

⑨ 将第一行所有单元格合并，并设置该行为黄色底纹。

（4）在 ex13 文件夹下完善 EXCEL.xlsx 和 EXC.xlsx 文件并保存文档。

① 在 EXCEL.xlsx 中，将工作表 Sheet1 的 A1:D1 单元格合并为一个单元格，文字居中对齐，计算"增长比例"列的内容，增长比例=（当年人数−去年人数）/去年人数（百分比，小数位两位），利用条件格式将 D3:D5 区域设置为实心填充绿色（标准色）数据条，将工作表命名为"招生人数情况表"。

② 选取"招生人数情况表"的"专业名称"列和"增长比例"列的单元格内容，建立"三维簇状柱形图"，柱体形状改为完整圆锥，图表标题为"招生人数情况图"，移动到工作表的 A7:F18 单元格区域内。

③ 在 EXC.xlsx 中，对工作表"选修课程成绩单"内的数据清单的内容进行筛选，条件为"系别"是"自动控制"和"计算机"，按主要关键字为"系别"的降序次序和次要关键字"学号"的升序次序进行排序，排序后的工作表还保存在 EXC.xlsx 工作簿文件中，工作表名不变。

（5）打开 ex13 文件夹下的演示文稿 yswg.pptx，按照下列要求完成对此文稿的修饰并保存。

① 使用"离子"主题修饰全文，全部幻灯片切换效果为"库"，效果选项为"自左侧"。

② 设置幻灯片放映方式为"观众自行浏览（窗口）"。

③ 在第 1 张幻灯片前插入一张版式为"空白"的新幻灯片，插入 5 行 2 列的表格，表格样式为"中度样式 4"。

④ 在表格第 1 列的第 1～5 行依次录入"方针""稳粮""增收""强基础"和"重民生",第 2 列的第 1 行录入"内容",将第 2 张幻灯片的文本第 1～4 段依次复制到表格第二列的第 2～5 行。

⑤ 将第 7 张幻灯片移到第 1 张幻灯片前面,并删除第 3 张幻灯片。

⑥ 将第 1 张幻灯片的主标题和副标题的动画均设置为"翻转式由远及近",动画顺序为先副标题后主标题。

实训 14　综合练习 2

【实训目的】

1. 熟练掌握 Windows 文件资源管理器的使用方法及文件和文件夹的基本操作。
2. 熟练掌握 IE 浏览器属性的基本设置和电子邮箱的基本使用。
3. 熟练掌握 Word 编辑文档的常用方法。
4. 熟练掌握利用 Excel 进行数据处理的技巧。
5. 熟练掌握 PowerPoint 幻灯片的制作方法。

【实训内容】

（1）打开 ex14 文件夹,按下列要求完成相应操作。

① 将 ex14 文件夹下 TURBO 文件夹中的文件 PEACE.doc 删除。

② 在 ex14 文件夹下 KID 文件夹中新建一个名为 DING 的文件夹。

③ 将 ex14 文件夹下 INDEX 文件夹中的文件 HONG.txt 设置为只读和隐藏属性。

④ 将 ex14 文件夹下 SEED\HYG 文件夹中的文件 ASDER.for 复制到 ex14 文件夹下 PEAT 文件夹中。

⑤ 搜索 ex14 文件夹中的文件 WRIT.exe,为其建立一个名为 WRIT 的快捷方式,放在 ex14 文件夹下。

（2）请根据题目要求,完成下列操作。

① 浏览 http://www.yzpc.edu.cn/2020/0502/c386a30686/page.htm 页面,在 ex14 文件夹下新建文本文件"E63.txt",将页面中文字介绍部分拷贝到"E63.txt"中并保存。将页面上的手机图片另存到 ex14 文件夹,文件名为"E63",保存类型为"JPEG(*.jpg)"。

② 接收并阅读由 xuexq@mail.neea.edu.cn 发来的 E-mail,并按 E-mail 中的指令完成操作。

（3）在 ex14 文件夹下打开 WORD.docx,按照要求完成下列操作并以该文件名（WORD.docx）保存文档。

① 将文中所有"超级计算机"替换为"超算"。将标题段（"最新超算 500 强出炉"）文字设置为红色（标准色）、小二号黑体、加粗、居中,文本效果设置为"阴影-外部-向右偏移"。

② 设置正文各段落（"2019 年 11 月……热门领域。"）的中文文字为五号宋体，西文文字为五号 Arial 字体。设置正文各段落悬挂缩进 2 字符，行距 18 磅，段前间距 0.5 行。

③ 插入"奥斯汀"型页眉，并在页眉标题栏内输入小五号宋体文字"科技新闻"。设置页面纸张大小为"B5(JIS)"。

④ 设置正文第 3 段（"与今年 6 月……制造商前三位。"）首字下沉两行（距正文 0.2 厘米）。

⑤ 将文中三小段文字（"超算领域稳中蕴变""中国发展势头强劲""量子计算能否改变赛道"）设置为四号楷体，加粗，并添加项目符号●。

⑥ 设置页面颜色的填充效果样式为"纹理/蓝色面巾纸"。

⑦ 将文中后 6 行文字转换成一个 6 行 5 列的表格，设置表格居中。

⑧ 使用"根据内容自动调整表格"选项自动调整表格，设置表格所有文字水平居中。

⑨ 将表格外框线、第 1 行的下框线和第 1 列的右框线设置为 1 磅红色单实线，表格底纹设置为"白色，背景 1，深色 15%"。

（4）在 ex14 文件夹下完善 EXCEL.xlsx 和 EXC.xlsx 文件并保存文档。

① 在 EXCEL.xlsx 中，将下列数据建成一个数据表（存放在 A1:E5 的区域内），并求出个人工资的浮动额以及原来工资和浮动额的"总计"（浮动额保留小数点后面两位），其计算公式是：浮动额=原来工资×浮动率。其数据表保存在 Sheet1 工作表中，复制该工作表为 SheetA 工作表。

序号 姓名 原来工资 浮动率 浮动额

1 张三 2500 0.5%

2 王五 9800 1.5%

3 李红 2400 1.2%

总计

② 在 Sheet1 工作表中，选择"姓名""原来工资""浮动额"（不含总计行）三列数据，建立"三维簇状柱形图"图表，柱体形状改为圆柱图，设置主要横坐标轴标题为"姓名"，主要纵坐标轴横排标题为"原来工资"，图表标题为"职工工资浮动额的情况"，图例移到右侧，嵌入在工作表 A7:F17 区域中。

③ 在 EXC.xlsx 中，对工作表"产品销售情况表"内数据清单的内容按主要关键字"季度"的升序、次要关键字"销售额（万元）"的降序进行排序，对排序后的数据进行分类汇总，分类字段为"季度"，汇总方式为"求和"，汇总项为"销售额（万元）"，汇总结果显示在数据下方，工作表名不变，保存 EXC.xlsx 工作簿。

（5）打开 ex14 文件夹下的演示文稿 yswg.pptx，按照下列要求完成对此文稿的修饰并保存。

① 在第 1 张幻灯片中插入样式为"填充-白色，文本 1，阴影"的艺术字"运行中的京津城铁"，文字效果为"转换-波形 2"，艺术字位置为水平为 6 厘米，自左上角，垂直为 7 厘米，自左上角。

② 第 2 张幻灯片的版式改为"两栏内容"，在右侧文本区输入"一等车厢票价不高于 70

元，二等车厢票价不高于 60 元"，且文本设置为"楷体"、47 磅字。

③ 将 ex14 文件夹下的图片文件 ppt1.jpg 插入第 3 张幻灯片的内容区域。

④ 在第 3 张幻灯片备注区插入文本"单击标题，可以循环放映"。

⑤ 将第 1 张幻灯片的背景设置为"中等渐变-个性色 2"预设颜色。

⑥ 设置幻灯片放映方式为"演讲者放映（全屏幕）"。

实训 15 综合练习3

【实训目的】

1. 熟练掌握 Windows 文件资源管理器的使用方法及文件和文件夹的基本操作。
2. 熟练掌握 IE 浏览器属性的基本设置和电子邮箱的基本使用。
3. 熟练掌握 Word 编辑文档的常用方法。
4. 熟练掌握利用 Excel 进行数据处理的技巧。
5. 熟练掌握 PowerPoint 幻灯片的制作方法。

【实训内容】

（1）打开 ex15 文件夹，按下列要求完成相应操作。

① 在 ex15 文件夹下 TUP 文件夹中创建名为 NUP 的文件夹。

② 删除 ex15 文件夹下 TNT 文件夹中的 STU.dbf 文件。

③ 将 ex15 文件夹下 MUE 文件夹设置成隐藏。

④ 将 ex15 文件夹下的 BUE 文件夹中的 XUE 文件夹复制到 ex15 文件夹下 DUB 文件夹中。

⑤ 搜索 ex15 文件夹下第三个字母是 A 的所有文本文件，将其移动到 ex15 文件夹下的 FRE\TXT 文件夹中。

（2）根据题目要求，完成下列操作。

① 浏览 http://www.baidu.com 页面，搜索"更多汽车品牌的介绍"，打开并浏览该页面，并为该页面创建桌面快捷方式，然后将该页面的桌面快捷方式保存到 ex15 文件夹，并删除桌面快捷方式。

② 接收并阅读由 xiaoqiang@mail.ncre.neea.edu.cn 发来的 E-mail，将此邮件地址保存到通信录中，姓名输入"小强"，并新建一个联系人分组，分组名字为"小学同学"，将小强加入此分组中。

（3）在 ex15 文件夹下，打开 WORD.docx，按照要求完成下列操作并以该文件名（WORD.docx）保存文档。

① 将标题段文字（"盐的世界"）设置为三号蓝色空心黑体（提示：在"字体"对话框的"文字效果"按钮中设置"无填充"，"文本边框"设置为蓝色实线）、居中、字符间距加宽 4

磅、加绿色（标准色）底纹，并添加着重号。

② 将正文前三段文字（"我国青海……奇妙而美丽的盐的世界呀！"）设置为五号楷体，正文第一段（"我国青海……称为'盐的世界'。"）首字下沉 2 行、距正文 0.1 厘米。

③ 将正文各段落左、右各缩进 2 字符，段前间距 0.5 行、1.25 倍行距。

④ 设置文档页面的上下边距各为 2.8 厘米，左右边距各为 3 厘米，装订线位置为上。

⑤ 在页面底端插入内置"普通数字 2"型页码，并设置页码编号格式为"Ⅰ、Ⅱ、Ⅲ、…"，起始页码为"Ⅴ"。

⑥ 为标题段添加脚注，脚注内容为"源自百度"。

⑦ 在"表格制作练习"的下一行制作一个 5 行 4 列的表格，设置表格列宽为 2 厘米、行高为 0.8 厘米、表格样式采用内置样式"网格表 6 彩色-着色 2"，表格居中。

⑧ 将表标题"表格制作练习"设置为四号仿宋、居中，并对表格进行如下修改：在第 1 行第 1 列单元格中添加一条 0.5 磅、"深蓝，文字 2，淡色 40%"、左上右下的单实线对角线；合并第 2、3、4、5 行的第 1 列单元格；将第 3、4 行第 2、3、4 列的 6 单元格合并，并均匀拆分为 2 行 2 列 4 个单元格。

⑨ 为表格第 1 行添加"白色，背景 1，深色 15%"底纹，设置表格内框线为 0.5 磅"茶色，背景 2，深色 25%"单实线，表格外框线为 1.5 磅"茶色，背景 2，深色 25%"单实线。

（4）在 ex15 文件夹下完善 EXCEL.xlsx 和 EXC.xlsx 文件并保存文档。

① 在 EXCEL.xlsx 中，将 Sheet1 工作表的 A1: G1 单元格合并为一个单元格，文字居中对齐，计算三年各月气温的平均值（数值型，保留小数点后 2 位）、最高值和最低值置"平均值"行、"最高值"行和"最低值"行内，将 A2:G8 数据区域设置为自动套用格式"表样式浅色 19"，取消筛选。

② 选取"月份"行和"平均值"行数据区域的内容建立"簇状柱形图"，标题在图表上方，标题为"平均气温统计图"，在左侧显示图例，将图插入到表 A10:G23 单元格区域，将工作表命名为"平均气温统计表"，保存 EXCEL.xlsx 文件。

③ 在 EXC.xlsx 中，对工作表"产品销售情况表"内数据清单的内容建立数据透视表，行标签为"分公司"，列标签为"产品名称"，求和项为"销售额（万元）"，并置于现工作表的 I6:M20 单元格区域，工作表名不变，保存 EXC.xlsx 工作簿。

（5）打开 ex15 文件夹下的演示文稿 yswg.pptx，按照下列要求完成对此文稿的修饰并保存。

① 为整个演示文稿应用"回顾"主题，全部幻灯片切换方案为"闪光"。

② 在第 1 张幻灯片前插入版式为"两栏内容"的新幻灯片，标题为"具有中医药文化特色的同仁堂中医医院"，将 ex15 文件夹下图片 PPT1.png 插到右侧内容区，设置图片的"进入"动画效果为"翻转式由远及近"，将第 2 张幻灯片的第 2 段文本移到第 1 张幻灯片左侧内容区。

③ 第 2 张幻灯片版式改为"比较"，标题为"北京同仁堂中医医院"，将 ex15 文件夹下图片 PPT2.png 插到右侧内容区，设置左侧文本的"进入"动画效果为"飞入"，效果选项为"自左侧"。

信息技术及应用

④ 在第 1 张幻灯片前插入版式为"空白"的新幻灯片，在距离幻灯片左上角水平方向 1.5 厘米，垂直方向 8.1 厘米处的位置插入样式为"填充-橙色，着色 2，轮廓-着色 2"的艺术字"名店、名药、名医的同仁堂中医医院"。

⑤ 将艺术字文字效果设置为"转换-跟随路径-下弯弧"，艺术字高为 3.5 厘米，宽为 22 厘米。

⑥ 将第 2 张幻灯片移为第 3 张幻灯片，删除第 4 张幻灯片。

实训 16 综合练习 4

【实训目的】

1. 熟练掌握 Windows 文件资源管理器的使用方法及文件和文件夹的基本操作。
2. 熟练掌握 IE 浏览器属性的基本设置和电子邮箱的基本使用。
3. 熟练掌握 Word 编辑文档的常用方法。
4. 熟练掌握利用 Excel 进行数据处理的技巧。
5. 熟练掌握 PowerPoint 幻灯片的制作方法。

【实训内容】

（1）打开 ex16 文件夹，按下列要求完成相应操作。

① 在 ex16 文件夹下的 XUE 文件夹中分别建立名为 HUA 的文件夹和一个名为 DEF.dbf 的文件。

② 将 ex16 文件夹下的 PAT 文件夹中的 EXE 文件夹取消隐藏属性。

③ 搜索 ex16 文件夹下以 A 字母开头的 DLL 文件，然后将其复制在 ex16 文件夹下的 HUA 文件夹下。

④ 为 ex16 文件夹下的 XYD 文件夹建立名为 XYF 的快捷方式，存放在 ex16 文件夹下。

⑤ 将 ex16 文件夹下的 ZAE 文件夹移动到 ex16 文件夹下 QWT 文件夹中，重命名为 XUE。

（2）请根据题目要求，完成下列操作。

① 打开 http://www.baidu.com 网站，浏览找到各个汽车品牌介绍的链接，查看更多汽车品牌介绍，在 ex16 文件夹下新建文本文件 search_adress.txt，复制链接地址到 search_adress.txt 中，并保存。

② 接收并阅读由 xuexq@mail.neea.edu.cn 发来的 E-mail，并将随信发来的附件以文件名 dqsj.txt 保存到 ex16 文件夹下。

（3）在 ex16 文件夹下，打开 WORD.docx，按照要求完成下列操作并以该文件名（WORD.docx）保存文档。

① 将文中所有英文"EC"替换为"电子商务"。

② 设置页面纸张大小为"16 开（18.4 厘米×26 厘米）"；页面底端插入"滚动"页码，起始页码设置为"3"。

③ 将标题段文字（"义乌跨境电子商务分析"）设置为二号、微软雅黑、加粗、居中，文本效果设置为内置样式"填充-白色，轮廓-着色 2，清晰阴影-着色 2"，文本阴影效果为"透视/左上对角透视"，阴影颜色为蓝色（标准色），文字间距加宽 2 磅。

④ 将正文各段落文字（"1.1 义乌实体市场发展势头……凸显规模效益的产业园。"）的中文字体设置为仿宋，英文字体设置为 Symbol，字号为小四，多倍行距 1.15。

⑤ 将小标题（1.1 义乌实体市场发展势头趋缓、1.2 投资建设义乌跨境电子商务产业园）的编号"1.1""1.2"分别修改为符号"（1）"和"（2）"。

⑥ 设置正文各段落（"（1）义乌实体市场发展势头……凸显规模效益的产业园。"）首行缩进 2 字符，为小标题"（1）义乌实体市场发展势头趋缓"加尾注"王祖强等.发展跨境电子商务促进贸易便利化[J]. 电子商务，2013(9)."，尾注编号格式为"①……"。将该标题下的一段（2014 年义乌市……而言已经迫在眉睫）分成栏宽相等的两栏，中间加分隔线。

⑦ 在表格最右侧增加一列，输入列标题"合计（元）"。在新增列相应单元格中，按公式（合计=单价×数量）计算并填入左侧设备的合计金额，并按"合计（元）"列升序排列表格内容。

⑧ 设置表格列宽为 2.2 厘米、行高为 0.6 厘米；并设置表格居中。

⑨ 设置表格中第 1 行和第 1 列文字水平居中、其他各行各列文字中部右对齐，并设置表格单元格左右边距均为 0.3 厘米。

（4）在 ex16 文件夹下完善 EXCEL.xlsx 和 EXC.xlsx 文件并保存文档。

① 在 EXCEL.xlsx 中，将 Sheet1 工作表的 A1:D1 单元格合并为一个单元格，内容水平居中。计算"全年总量"行的内容（数值型，小数位数为 0），计算"所占百分比"列的内容（所占百分比=月销售量/全年总量，百分比型，保留小数点后两位）。如果"所占百分比"列内容高于或等于 8%，则在"备注"列内给出信息"良好"，否则内容为空（一个空格）（利用 IF 函数）。利用条件格式的"图标集""三向箭头（彩色）"修饰 C3: C14 单元格区域。

② 选取"月份"列（A2:A14）和"所占百分比"列（C2:C14）数据区域的内容建立"带数据标记的折线图"，标题为"销售情况统计图"；将图表移动到工作表的 A17:F33 单元格区域内，将工作表命名为"销售情况统计表"，保存 EXCEL.xlsx 文件。

③ 在 EXC.xlsx 中对工作表"图书销售情况表"内数据清单的内容按主要关键字"季度"的升序次序和次要关键字"经销部门"的降序次序进行排序，对排序后的数据进行高级筛选（条件区域设在 A46:F47 单元格区域，将筛选条件写入条件区域的对应列上），条件为少儿类图书且销售量排名在前二十名（请用"<=20"），工作表名不变，保存 EXC.xlsx 工作簿。

（5）打开 ex16 文件夹下的演示文稿 yswg.pptx，按照下列要求完成对此文稿的修饰并保存。

① 全部幻灯片切换方案为"华丽型"的"溶解"。

② 将第 2 张幻灯片版式改为"两栏内容"，标题为"尼斯湖水怪"，将 ex16 文件夹下图片 PPT2.jpg 插到右侧内容区。设置图片的"进入"动画效果为"形状"，效果选项为"形状-菱形"，设置文本部分的"进入"动画效果为"飞入"，效果选项为"自左上部"，动画顺序先文本后图片。

③ 在第 2 张幻灯片前插入版式为"内容与标题"的新幻灯片，标题为"尼斯湖水怪真相大白"，将第 1 张幻灯片的文本全部移到第二张幻灯片的文本部分，且文本设置为 28 磅字，右侧内容区插入 ex16 文件夹下图片 PPT1.jpg。

④ 在第 1 张幻灯片前插入版式为"标题幻灯片"的新幻灯片，主标题为"尼斯湖水怪"，副标题为"清晰的尼斯湖水怪照片"，主标题字体设置为华文彩云、加粗、56 磅字、红色（RGB模式，红色：243，绿色：1，蓝色：2）、字符间距加宽 5 磅。

⑤ 将第 1 张幻灯片背景格式的渐变填充效果设置为预设颜色"浅色渐变-个性色 6"，类型为"矩形"。

⑥ 将第 4 张幻灯片移为第 3 张幻灯片。删除第 2 张幻灯片。

实训 17　综合练习 5

【实训目的】

1. 熟练掌握 Windows 文件资源管理器的使用方法及文件和文件夹的基本操作。
2. 熟练掌握 IE 浏览器属性的基本设置和电子邮箱的基本使用。
3. 熟练掌握 Word 编辑文档的常用方法。
4. 熟练掌握利用 Excel 进行数据处理的技巧。
5. 熟练掌握 PowerPoint 幻灯片的制作方法。

【实训内容】

（1）打开 ex17 文件夹，按下列要求完成相应操作。

① 将 ex17 文件夹下 TIUSE 文件夹中的文件 ZHUEF.bas 删除。

② 将 ex17 文件夹下 VCTUNB 文件夹中的文件 BOBABLE.doc 复制到同一文件夹下，并命名为 SYAF.doc。

③ 在 ex17 文件夹下 SHFARE 文件夹中新建一个文件夹 RISTECK。

④ 将 ex17 文件夹下 BEND 文件夹中文件 PRODUCT.wri 的隐藏和只读属性撤销，并设置为存档属性。

⑤ 将 ex17 文件夹下 HWEST 文件夹中的文件 TIAN.fpt 重命名为 YANG.fpt。

（2）请根据题目要求，完成下列操作。

① 打开 http://www.yzpc.edu.cn 网站，查找"杜甫代表作"的页面内容并将它以文本文件

的格式保存到 ex17 文件夹下，命名为 "DFDBZ.txt"。

②　向 wanglie@mail.neea.edu.cn 发送邮件，并抄送 jxms@mail.neea.edu.cn，邮件内容为："王老师：根据学校要求，请按照附件表格要求统计学院教师任课信息，并于 3 日内返回，谢谢!" 同时将文件 "统计.xlsx" 作为附件一并发送。将收件人 wanglie@mail.neea.edu.cn 保存至通信录，联系人 "姓名" 栏填写 "王列"。

（3）在 ex17 文件夹下打开 WORD.docx，按照要求完成下列操作并以该文件名（WORD.docx）保存文档。

①　将标题段文字（"第 31 届奥运会在里约热内卢闭幕"）设置为二号红色阴影黑体（提示：在 "文本效果" 的 "阴影" 中任意选择一种）、加波浪下划线、居中，并添加浅绿色底纹。

②　将正文第 4 段文字（"'女排精神' 又一次……收获 1 金。"）移至第 3 段文字（"本届奥运会……奥运会纪录"）之前，并将两段合并；正文各段文字（"本报……奥运会纪录。"）设置为五号宋体，首行缩进两字符，段落格式设置为 1.25 倍行距、段前间距 0.5 行。

③　将正文第 3 段（"'女排精神' ……奥运会纪录。"）分为等宽两栏、栏宽 16 字符，栏间添加分隔线。

④　自定义纸张大小为 "21 厘米×29.1 厘米"，应用于 "整篇文档"，设置页面上、下、左、右页边距均为 3.5 厘米，装订线位于左侧 1 厘米处。

⑤　在页面顶端插入 "空白" 型页眉，页眉内容为文档标题。

⑥　为表格标题（"校运动会奖牌排行榜"）添加超链接 "http://www.yzpc.edu.cn"。

⑦　将文中后 11 行文字转换为一个 11 行 5 列的表格，文字分隔位置为 "空格"，设置表格列宽为 2.5 厘米、行高为 0.5 厘米，为表格应用样式 "网格表 6 彩色-着色 4"，设置表格整体居中。

⑧　将表格标题段文字（"校运动会奖牌排行榜"）设置为小三号、黑体、居中、字间距加宽 1.5 磅，并添加黄色底纹作为突出显示。

⑨　统计各班金、银、铜牌合计，各类奖牌合计填入相应的行和列。以金牌为主要关键字、降序，银牌为次要关键字、降序，铜牌为第三关键字、降序，对 9 个班进行排序。

（4）在 ex17 文件夹下完善 EXCEL.xlsx 和 EXC.xlsx 文件并保存文档。

①　在 EXCEL.xlsx 中，将 Sheet1 工作表命名为 "产品第一季度销售统计表"，然后将 A1:H1 单元格合并为一个单元格，文字居中对齐；计算 "第一季度销售额（元）" 列的内容（数值型，保留小数点后 0 位），计算各产品的总销售额，置 G15 单元格内（数值型，保留小数点后 0 位）；计算各产品销售额排序（利用 RANK.EQ 函数，降序），置 H3:H14 单元格区域；计算各类别产品销售额（利用 SUMIF 函数），置 J5:J7 单元格区域；计算各类别产品销售额占总销售额的比例，置 "所占比例" 列（百分比型，保留小数点后 2 位）；利用单元格样式的 "标题 1" 修饰表的标题，利用 "输出" 修饰表的 A2:H15 单元格区域；利用条件格式将 "销售排名" 列内前 5 名文本颜色设置为红色。

②　选取 "产品型号" 列（A2:A14）和 "第一季度销售额（元）" 列（G2:G14）数据区域

225

的内容建立"三维簇状条形图"，柱体形状改为圆柱图，图表标题位于图表上方，图表标题为"产品第一季度销售统计图"，设置数据系列格式为纯色填充"橄榄色，个性色 3，深色 25%"。将图插入到表 A16:F36 单元格区域，保存 EXCEL.xlsx 文件。

③ 在 EXC.xlsx 中，对工作表"产品销售情况表"内数据清单的内容按主要关键字"产品类别"的降序次序和次要关键字"分公司"的升序次序进行排序（排序依据均为"数值"），对排序后的数据进行高级筛选（在数据清单前插入 4 行，条件区域设在 A1:G3 单元格区域，请在对应字段列内输入条件），条件是：产品名称为"空调"或"电视"且销售额排名在前 30（小于等于 30），工作表名不变，保存 EXC.xlsx 工作簿。

（5）打开 ex17 文件夹下的演示文稿 yswg.pptx，按照下列要求完成对此文稿的修饰并保存。

① 为整个演示文稿应用"丝状"主题，设置全体幻灯片切换方式为"旋转"，效果选项为"自底部"，放映方式为"观众自行浏览"。

② 将第 2 张幻灯片版式改为"两栏内容"，标题为"烹调鸡蛋的常见错误"，将 ex17 文件夹下的图片文件 ppt1.jpg 插入到第 2 张幻灯片右侧的内容区，图片样式为"金属椭圆"，图片效果为"三维旋转"的"倾斜-倾斜右上"，图片动画设置为"强调/陀螺旋"，效果选项为"逆时针"，左侧文字设置动画"进入/玩具风车"，动画顺序是先文字后图片。

③ 在第 3 张幻灯片前插入版式为"两栏内容"的新幻灯片，标题为"错误的鸡蛋剥壳方法"，将第 1 张幻灯片的第 7 段文本移到第 3 张幻灯片左侧的内容区。将 ex17 文件夹下的图片文件 ppt3.jpg 插入第 3 张幻灯片右侧的内容区。

④ 将第 4 张幻灯片版式改为"比较"，主标题为"错误的敲破鸡蛋方法"，将 ex17 文件夹下的图片文件 ppt2.jpg 插入到右侧的内容区。

⑤ 在第 1 张幻灯片前插入版式为"空白"的新幻灯片，在位置（水平：2.3 厘米，自：左上角，垂直：6 厘米，自：左上角）插入形状"星与旗帜/竖卷形"，形状填充为"紫色（标准色）"，高度为 8.6 厘米，宽度为 3 厘米。从左至右再插入与第一个竖卷形格式大小完全相同的 5 个竖卷形，并参考第 2 张幻灯片的内容按段落顺序依次将烹调鸡蛋的常见错误从左至右分别插入各竖卷形，例如从左数第 2 个竖卷形中插入文本"大火炒鸡蛋"，6 个竖卷形的动画都设置为"进入/螺旋飞入"，除左边第一个竖卷形外，其他竖卷形动画的"开始"均设置为"上一动画之后"，"持续时间"均设置为"2"，在备注区插入备注"烹调鸡蛋的其他常见错误"。

⑥ 将第 3 张幻灯片的背景设置为"花束"纹理，并使之成为第 1 张幻灯片，删除第 3 张幻灯片，移动第 2 张幻灯片成为最后 1 张幻灯片。